地球研叢書

人新世の風土学

地球を〈読む〉ための本棚

Fudo in the Anthropocene

Finding a New Environmental Mode between Human Beings, Living Things, and Things

Masahiro Terada

寺田匡宏

昭和堂

もくじ

第3章　存在と世界

イラスト・題字　田原幸浩（Doucatty, 沖縄）
装幀　尾崎閑也

人新世の地球環境学――まえがき

この「まえがき」を、タイ、イギリス、日本、ドイツを結んだZoom会議を終えて書き始めている。半年後にベルリン／オンラインで開催が予定されている「人新世《じんしんせい》キャンパス」での「東アジアの人新世（Anthropocene East Asia）」セミナーに関する、マヤ・コヴスカヤ（Maya Kóvskaya, チェンマイ大学、アモール・ムンディ）、ダニエル・ナイルズ（Daniel Niles, 総合地球環境学研究所）、本田江伊子（Eiko Honda, オックスフォード大学〔当時〕、デンマーク・オーフス大学〔現在〕）、カリーナ・ロゼ（Carlina Rossée, ドイツ世界文化会館）との打ち合わせだ。

人新世提唱の衝撃

本書は、総合地球環境学研究所（地球研）が刊行する地球研叢書の一冊だが、ぼくは、二〇一五年に、この叢書から、本書の前身となる『人は火山に何を見るのか』という本を刊行している。それはベルリンで開催された「人新世キャンパス」第一回のぼくが見た光景から書き始められた。今回の「キャンパス」は、その一区切りとなる。これまでドイツ政府の後援を受けてベルリン・世界文化会館のイベントとして開催されていたが、今後は独立したプラットフォームになる。人新世と

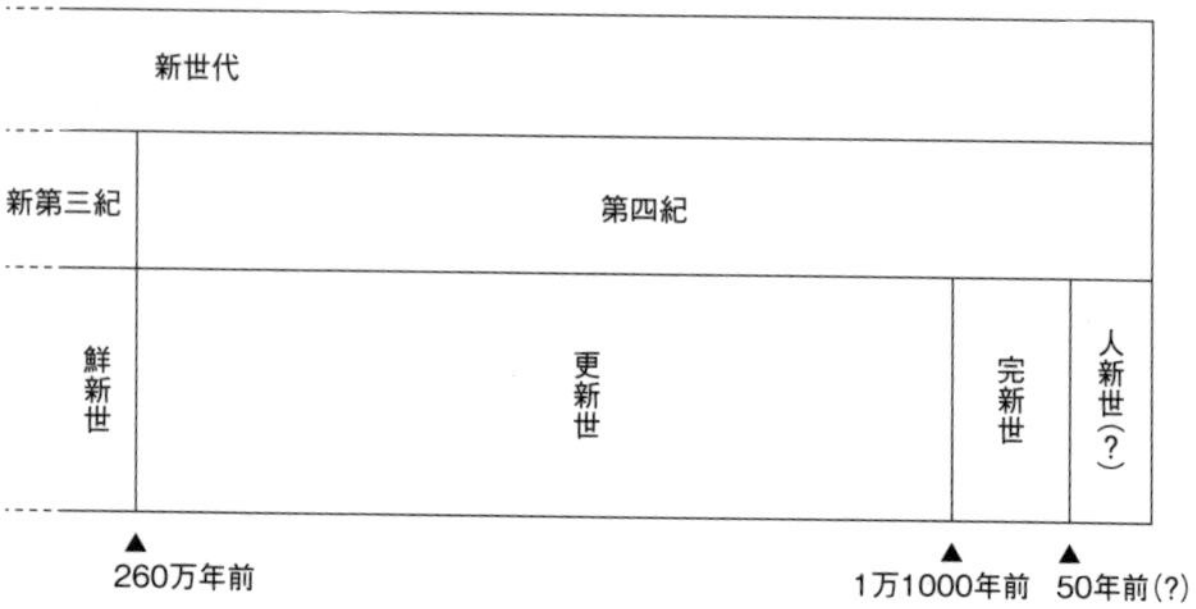

図1　新生代の第四紀を構成する二つ（三つ？）の「世」
注）寺田匡宏作成

いう語が世界的な広がりを持つ現状を示したものだ。

人新世（アンソロポシーン、Anthropocene）とは、新たに提唱されている地球環境に関する学術的地質年代区分である。今ぼくたちのいる時代は、従来の区分だと約一万年前に始まった完新世だ。これは正式には「新生代・第四紀・完新世」という。新生代とは、古生代の無脊椎動物、中生代の恐竜に対して、哺乳類が繁栄する時代で、第四紀とは、そのなかで原人を含むホモ属の遺物が発見される時代である。今のところ、第四紀の下位区分には、マンモスなどが存在した氷河期である更新世と、約一万年前にその氷河期が終わった後に開始した完新世しか存在しない。そのうちの二〇世紀後半を「人新世」として独立させてはどうかという提案だ（図1）。この時期に、地球環境が人間によって不可逆的に悪化した。それを警告するためである。

この提唱は二〇〇〇年から科学者たちによって行われ、次第に広まってきた。ただし、まだ地質学の公式年代ではない。図1に「?」マークが書かれているのはそのためだ。とはいえ、地質年代を決める学術組織である国際地質科学連合で、実際に地質年代として公式採用の可否が真剣に検討されている。日本でも、この語は広く認知されつつあり、斎藤幸平の『人新世の資本論』がベストセラーになり(斎藤 二〇二〇)、気候変動をモチーフにした新海誠監督の映画「天気の子」なども制作された。地球研でも「人新世」をテーマとする国際シンポジウムが開催され、ぼくと冒頭で名前をあげた同僚のナイルズはそれを元に論文集『人新世を問う』(二〇二一)を刊行した。「人新世」は、地質学の公式年代としてはまだ採用されていないが、日本を含め国際社会で社会的に受け入れられている。

人文地球環境学のアップデート

二〇一〇年なかばからの数年とは、人新世という語が地球環境学の大きなトピックの一つとなってきた時期だった。そんななか、この本を刊行しようと思ったのは、それも踏まえて、このあたりで、人文地球環境学のアップデートが必要ではないかと思ったからだ。

いま、地球環境学では、人文学とかかわる面で変容が大きく進んでいる。『地球環境学事典』という本がある(総合地球環境学研究所 二〇一〇)。創立から一〇年を迎えた地球研の総力を結集して作られた本で、総執筆人数約二〇〇人、七〇〇ページ近い厚い大冊だ。ぼくはこの本には執筆参加していないが、座右において常々参照してきた。しかし、地球環境学のあらゆるキーワードを網羅しているのだが、ときどき、「あれ? この事項は、入っていなかったんだっけ」ということが起きるようになってきた。一〇年という歳月は、学問の風景をかなり大きく変えている。

そこで、自分なりに、この数年の、人文学から見た地球環境学の進展をまとめておく本が書けないか、と思ったのだ。とはいっても、それはたやすいものでもないし、そもそも、ぼくがそんなことをする立場でもない。だが、そういう本があっても便利なことも確かであろう。もちろん、ぼくは、人文地球環境学の代表選手でもなんでもないから、あくまでこれは、ぼくの主観的立場から見た報告である。

三つの地殻変動

本書の前提として、概括的に、地球環境学の地殻変動について簡単に触れておこう。ぼく自身の体感的な感覚では、三つくらいの変動があるように思われる。

それは、ＴＤ（ティーディー）的地殻変動、存在論的地殻変動、人新世的地殻変動だ。

地球環境学は、自然科学や人文学や社会科学が乗り入れて取り組む研究領域だが、これらはそこにおける地殻変動だ。

一つ目の「ＴＤ（ティーディー）」とは何かわかる人はあまりいないかもしれない。これは、トランス・ディシプリナリティ（transdisciplinality）の略である。この語は聞いたことがなくても、「学際研究」は聞いたことがあるだろう。学際研究は英語で「インター・ディシプリナリティ」という。ディシプリナリティとは、学問的方法論や学問の枠組みを意味する。日本語には、思想家の丸山真男がいい始めた「タコつぼ化」という、なんともいいえて妙なる語があるが、学問がそれぞれの牙城に閉じこもる弊害は、洋の東西を問わず認識されていて、それを打破する試みが現在まで続いている。「学際」研究とはその一つで、学問の間の連携（インター）による解決のことだ。

一方、ＴＤとは、学問を「インター」ではなく、「トランス」することである。トランスとは、超越である。学問を超越することでタコつぼ化の弊害を逃れようとする。「超学際」と訳されることが多いが、「学問超越型」とも訳せるだろう。これまで学問とは見なされてこなかった、アートや在来知や一般の人々の集合知など、様々な様態の知と連携を図ろうという傾向だ。これは、地球環境学に限らない。都市計画では、まちづくりの住民参加は当然になっているし、哲学では「哲学カフェ」が取り組まれている。どれもＴＤだ。

地球環境学についていうと、このＴＤ的地殻変動により、様々なアクター（主体）がかかわるようになった。また、地球環境学が広く社会のなかに出ていくようになった。現地に住み込むことが研究の方法として広く認知され（レジデント型研究者）、実験や観察以外の方法であるワークショップや熟議、対話などが学のなかに取り入れられるようになった。展示や映像やゲームなど論文以外の研究の提示方法も一般化してきた。これらによる視野の広がりは大きい。これらは広い意味で人文という人間の文化的営みの取り込みともいえるので、ＴＤとは、ある意味で、〝人文〟化ともいえる地殻変動である。

存在論的地殻変動

二つ目の存在論的地殻変動とは、地球環境にかかわる様々な存在の位置付けが問い直され、見直されていることだ。たとえば、人間という存在は、地球環境学では、どこに位置するのかという問題がある。人間は、地球環境の真んなかに存在するのか、それとも、もっと端っこに存在するのか。地球環境学を研究するのは人間なので、人間は、地球環境学の真んなかに存在するようにも見える。しかし、現実の地球環境では、人間はその一部でしかない。人間を中心に据えた見方から、人間を中心に据えない見方への移行が重要視されるようになってきた。いきものから見た地球環境と、ひとから見た地球環境は違う。あるいは、生態系などにおいてひとが認識している地球環境のネットワーク以外に、もっと異なったネットワークがある可能性もある。いきものやものの関係性が問い直されるようになってきた。このような見方は、マルチ・スピーシーズ論などといわれることもあるし、アクター・ネットワーク論と呼ばれることもあるが、様々なつながりが認識されるようになってきたのだ。

また、時間の問題も問い直されてきた。特に、未来の実在性が顕著に問われるようになった。これまでの学問は、過去の実在性は比較的疑うことはなかった。もちろん過去は存在しないのだが、社会的合意として、過去の出来事は存在したと考えられてきた。一方、未来の実在性については、過去ほどは確からしいとは思われてこなかった。未来を語ることはうさん臭いものとして遠ざけられてきたのだ。しかし、地球環境学では、持続可能性の予測が重要な位置を占め、未来についての知見や語りが蓄積されるようになってきた。未来は、過去と同じように存在しないのだが、しかし、それについて語られるようになってきたのだ。これは地球環境学だけの傾向ではなく、ＡＩなど先端技術分野の進化とも並行した現象である。

人新世的地殻変動

三つ目の地殻変動にかかわる「人新世」という語についてはすでに見た。ここで、あらためて、人新世という語の提唱の背景を見ておくと、一九八〇年代頃から気候学や生態学など地球システム科学が連携した国際的研究ネットワークが形成され、それを基盤にして様々な地球的規模の環境変化が発見された。そして、人間由来の変化が、地質年代史から見ても見逃せない不可逆的な影響を地球システムに与えているという多数の科学的データが発見された。人新世は、その結果、提唱された概念だ。一般には、地球温暖化が中心的に論じられるが、温度とは地球システムの変化の徴候や兆しであり、それを導いたシステム自体の変化は、生物多様性の減少や陸水域の土地利用の変化など多岐にわたる。「大加速」と呼ばれるそのような変化が乗数的に開始した二〇世紀なかば以後を、警告の意味を含めて「人間の地質世」と呼んではどうかというのが人新世の提唱である。

人新世は地球システム学的な視点を中心にした呼称だが、しかし、地球上に人が存在するのは、地球システム的に存在すると同時に、社会的に存在するという面もある。社会とは文化である。人新世を導くような様々な工業や生産の巨大化は文化的社会的現象でもある。そこに、地球システムと人間社会の相克がある。つまり、人新世は、「人間の地質世」だといっても、それは、手放しで喜ぶべき「世」ではない。むしろ、人間が自らの地球上での持続可能性の幅を狭めている「世」である。ここにあるのは、根源的なパラドックスである。人間という存在が地球上に存在しなければ、そもそも人新世という世は存在せず、地球は持続可能であった。つまり、地球が持続可能であろうとするならば、人間がいない環境を考えなくてはならないことになるが、それを考えているのが人間自身である。このような、パラドキシカルな関係は、再帰性ともいわれ、精神を持った人間が地球上に存在することから来る難問であり、その難問を解くためには視座の転換が求められている。

人新世の提唱が求める視座の転換はそれだけでない。人新世という地質年代を認めるのならば、それは、人間の歴史を地質的地球史に接続することを認めることになる。これまで、人間の歴史と地球史とは異なったカテゴリーだと考えられてきた。従来の見方なら、人間の歴史は社会や人文の問題だが、地球の歴史は科学の問題である。比喩的に言うと、人間の歴史は文学部の歴史学科で研究され、地球の歴史は理学部の地質学科で研究される。だが、「人間の地質世」を意味する、人新世という時代を認めるなら、それは、一体どこで研究されるのか。人新世という語の提唱によって、これまで、異なったカテゴリーに属すると思われてきた、ひと、もの、いきものという区分を超えて、それを統合した新しい見方を打ち立てることが求められているのである。

切り分けにくい問題群

以上、三つの地殻変動について簡単に見た。この三つはぼくの体感から導かれたのだが、それほど間違ってはいないと思う。地球環境学に携わる研究者ならば大なり小なり感じていることではなかろうか。もちろん、これ以外にもあるだろうし、逆に、あるべきだった地殻変動も指摘しておく必要もあるだろう。英語圏などで見られる、地球環境学における「ジェンダー的地殻変動」や、他の人文社会科学で見られる「当事者論的地殻変動」は、日本では見られなかったように思う。次の数年あるいは十数年の課題であろう。

それはともかくとして、この三つについて重要なのは、それらがお互いに絡み合っているということ。たとえば、ＴＤが必要となったのは、人新世の相克を解決するためでもあるし、人新世は、様々な存在論的時間的問いを発してもいる。三つの地殻変動とはいってみたが、実際は、それらは、切り分けにくいものとして存在している。そのような切り分けにくい問題群が存在するということが明確に意識されるようになってきたのも、この数年の地球環境学の特徴である。

なぜ今、風土か

さて、そんな状況を背景に本書は書かれているわけだが、本書はタイトルに「風土学」という語を掲げた。三つの地殻変動は、どれも、人文の側からの地球環境学への新たなコミットメントを求めている。そのような状況に対して、人文地球環境学が応えるとするならば、「風土」という視座が有効ではないかと考えたからだ。学問の社会内での在り方が問われるTD的地殻変動、時間や空間や存在といった基本概念が問われる存在論的地殻変動、そうして、人間というものが地球上に存在する意味や、ひと、もの、いきものというカテゴリーを再考させる人新世的地殻変動、それらに対して、「風土」という視座が、創造的な寄与をするのではないかと考えるからだ。

「風土」の考え方は、人間と自然との関係にかかわるアジアあるいは日本の伝統的な感性を元にして、「風土学」という学問のなかで彫琢されてきた。風土は、自然や環境という語と重なる部分も大きいが、しかし、異なる部分も大きい。環境や自然といったとき、それは、人間とは切り離されたものとして捉えられがちである。しかし、風土は、人とその外部をはっきりと切り離されたものとして扱うのではない。その間や、相互の関係性に注目する。先ほど見た現在の地殻変動は、人間と環境との関係を様々に問い直している。風土は、それへの一つの解答たり得るのではないかと思うのだ。

これに本書は、三つのトピックからアプローチする。「物語と風景」「未来と想像」「存在と世界」である。第一の「物語と風景」では、風土とは、語りであり、認知された景観であるという側面を見る。人間が周囲をどのように語り、認知してきたのかを探る。第二の「未来と想像」は、人間は、未来にどのような望ましい環境を想像できるのかを風土という切り口から考える。風土というと、これまでは、長い年月をかけて作り上げられてきたという側面が強調されてきた。しかし、持続可能な未来が問われる現在では、未来にどのような風土が作り上げられるかを考えることが必要になっている。第三の「存在と世界」は、風土の根源にある現象である、人間が精神や心や認識といったものをもってこの世界に存在することの意味を考える。先ほど見た三つの地殻変動は、人間と環境の関係を新たな視角で見ることを必要としている。これらは、その一助になるのではないかと思う。

「文」を〈読む〉

この本が「本棚」と銘打ち、読書案内の形態をとっていることについても一言述べておかなくてはならないだろう。それは、人文という語の成り立ちとかかわっている。人文学の基本は、本を読むことだが、しかし、そこで〈読む〉ものは、じつは「本」に限らない。人文学が読むのは「文」である。古くから「人文《じんもん》」と「天文《てんもん》」という語がセットになってきたように、東アジア漢字圏では、「文」はこの世界にあまねく存在するという考えがある。人間の圏だけではなく、天の圏にも、地の圏にも文がある。その意味では、「文」を読むということは、あらゆる学の基本であり、同時に、本を読むことと地球を読むことは等価であるともいえよう。そのような含意があり、本書は、「文」を読む、つまり本を読むことを、地球について論じることのベースにしている。

新しい学

本書は、ぼくの個人的視角から見た人文地球環境学のアップデートであり、読書案内だが、それは、新しい「学」の報告でもある。冒頭でぼくの前著について述べたが、それは「新しい学を探して」という意味の英語の副題を持っていた。じつは、当時は新しい学がまだ見ぬどこかにあるのではないかと思っていた。だが、新しい学は、どこかにあるのではなく、「ここ」にあった。それは、今ここで起こっていることであり、今ここで行われている学である。学とは常に流動し、常にアップデートされている。その一断面を切り取ったものとして、参考にしてもらえれば幸いである。

なお、先ほどの地殻変動のところで見たように、本書は切り分けにくい問題を扱っている。本書のなかでは、互いに相関するトピックが出てきたとき、そのページ数を「☞マーク」で示し、相互参照できるようにしている。問題は別々ではなく、つながっている。それらは全体としてあらわれている。全体を見渡す視角（全体論）と要素に分解する視角（還元論）をどのようにうまく接合するかが、今、地球環境学で問われているが、本書の書き方はそれを意識している。

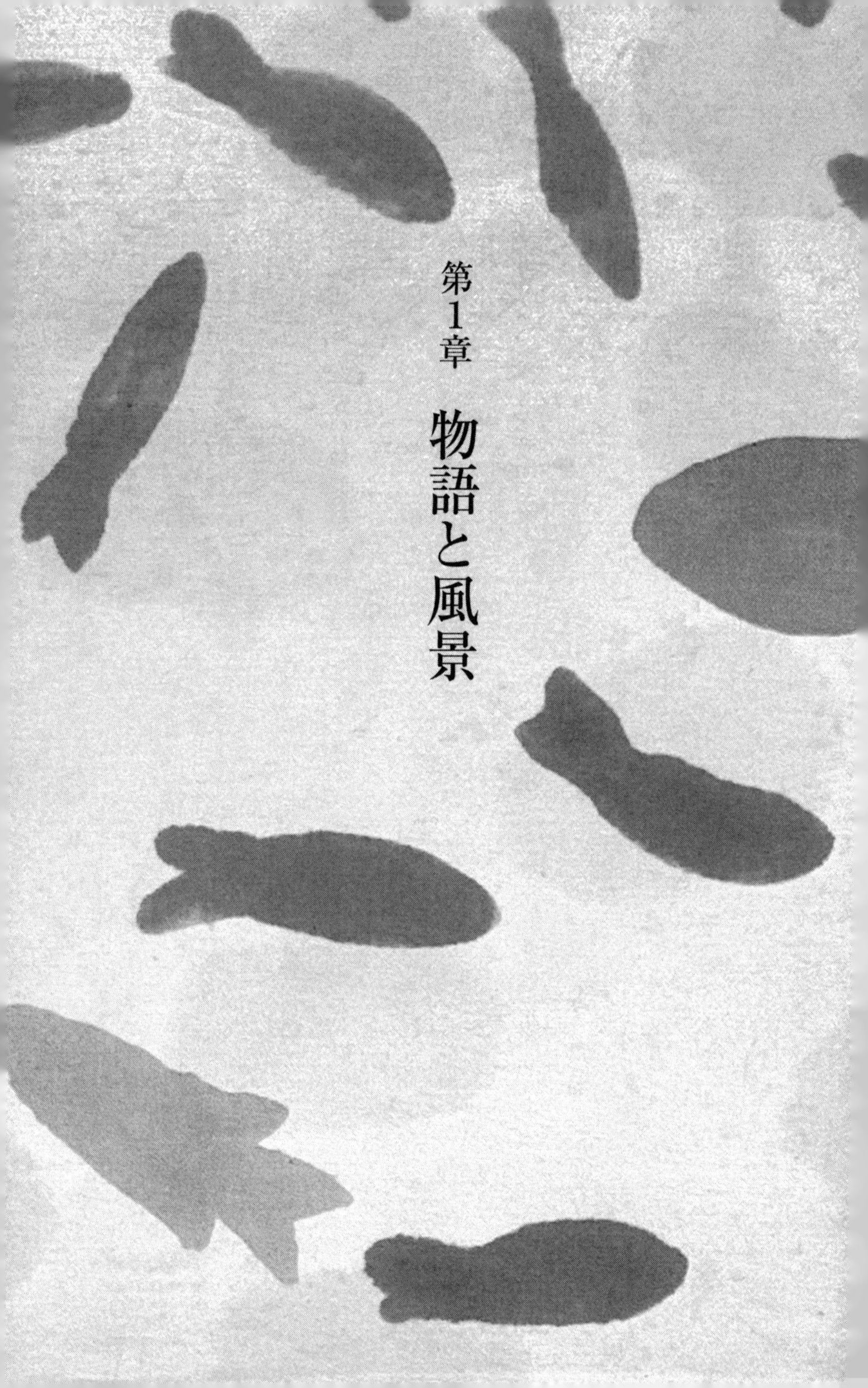

第1章　物語と風景

人間が地球環境を捉えるとき、それをどう捉えるかが、そもそも、地球環境学の問題である。それを、自然と捉えることもあろうし、環境と捉えることもあろうし、風景と捉えることもあろう。人文の立場からの視点として、重要なのは、物語と風景として地球環境を捉える立場である。それは、ひとの立場から見ることであり、ひとが生きる場として地球を見ることであり、それに意識的になることである。物語、風景として地球を見たとき、そこには、ホモ・サピエンスが地球上に拡散してきた歴史が刻まれているし、そのなかで人が生きた苦しみや悲しみがある。そのようなものをすくいとる。物語、風景という概念を、自然と環境という概念のなかにどう位置付けるか。これが、人文の立場から地球を読む際のカギであり、風土学のカギである。

水面からのまなざし

野田知佑『日本の川を旅する』

日本のネイチャー・ライティングやアウトドア・ライティングの歴史で、野田知佑の出現はコペルニクス的転回だったのではなかろうか。水の上にフネを浮かべ、水面から六〇センチメートルの高さの視線で風景を眺めれば、まったく違った世界が広がってくる。そんな体験を楽しみつつ日本語で書いた人は、彼以前にはいなかった。いや、そもそも、彼以前には、カヌーを漕いで旅することを職業にした人はいなかった。野田は、パイオニアとして誇りをもって自由を生きた人である。

本書におさめられたなかでは、釧路の無人の湿原地帯（泥炭質で陸からは近付けないのだ）を漕ぐ、という野生味あふれるカヌー行もよいが「春の小川を行く」川下りもよい。

> スミレの群落が岸を彩り、フジの花が川の上に垂れている。春先にこのような小さな流れを漕ぐのはカヌーの楽しみの一つだ。フネの上から手をのばして花を摘み、ツクシを採りつつ下る。
>
> （野田 一九八二＝一九八五：二一二）

ただし、語られるのはこんなにのどかな話ばかりではない。岸と底をコンクリートで固められ、蛇行をブルドーザーで直線化され、なす術もなく蹂躙されて年ごとに姿を変える川の様子が怒りとある種の諦観をもって語られる。「日本の自然河川はあと十年か二十年で消滅する」。こんな件りを読むとやり切れなくなってくる。あれから、自然との付き合い方はどのように変わったのだろうか。その検証の際に、野田の提起した水面からのまなざしは今も有効なはずだ。

歩くことから見えるもの

鶴見良行『マングローブの沼地で』
鎌田慧『ぼくが世の中に学んだこと』
ノーマ・フィールド『天皇の逝く国で』

土地と人を知るために歩く。旅とは歩くことだと、本を通じて教わった。物見遊山でもなく、観光でもない、自分自身のものの見方を深める旅には、それにふさわしい方法がある。歩くことはその一つだ。歩くことから、何が見えるのだろう。歩く速さ、歩く眼の高さからしか見えないものを、三人の歩き方から考えてみたい。

矛盾に向き合う——鎌田慧

一人目は、鎌田慧。彼の軌跡は、下北半島の核燃料サイクル基地（『六ヶ所村の記録』）、〝裏日本〟や〝辺境〟に集中する原発地帯（『新編　日本の原発地帯』）、出稼ぎ労働者の集まる愛知県豊田市のトヨタ自動車組み立て工場（『自動車絶望工場』）、イタイイタイ病が闇に葬られようとしていた対馬（『隠された公害』）をたどる。それは、日本社会の矛盾が噴出する地点と重なる。

とはいえ、彼の眼は、矛盾を単に矛盾としてのみ捉えることにとどまらない。鎌田慧にとって歩くこととは人と出会うことである。いや「出会い」などという曖昧な言葉ではない。生身の人に触れる。生き方を知る。ルポルタージュを書く彼の眼は人が働き、暮らし、生きていく姿に向けられる。

どんなところにいっても、ものごとをしっかり考えている人たちがいた。そのひとたちは、とりわけ学歴があるということではないのだが、世の中のことをよく考え、自分を犠牲にしてもひとびとのために働いていた。

（鎌田 一九八三：二一一）

社会はどのようにすればよくなるのか。絶望から希望をどう見出すのか。歩くこととは、それを知る一番確実な作業である。

日常に目をこらす――鶴見良行

二人目として鶴見良行を見よう。彼は東南アジアを歩いた人だ。リュックをかついで歩く。バスに乗る。島へ渡る船を波止場に何日もしゃがんで待つ。なぜ、そんな旅をするのか。

第三世界を考えるときには、とことん細かな事実から出発するのがいい。

（鶴見 一九八四＝一九九四：六）

彼が、乗り合いバスや漁船や地元民に載せてもらったオートバイなどを乗り継いでの島嶼部の東南アジアのマングローブの沼地（汽水域）の歩きから見出すのは、移動分散型の社会。そこでは、国境線というようなものはあまり意味を持たず、小さな集団が意思決定をしながら、人々が脈々と生きてきた。近代国民国家という、西洋が持ち込んだグローバルなレジーム（政治構造）とは違う原理がそこにはあり、それが人々の基底となっている世界なのだ。

この土地では大動乱も大革命も起こらなかった。日常の微調整で物事は解決されたから、民衆を革命に駆りたてるような深刻かつ雄勁な思想は必要なかった。（中略）革命がなくても、大思想を生まなくても、村むらが平穏無事に生きられればそれでじゅうぶんだ、と私は考える。むしろ私は、日常の微調整、集団の絶えざる組み替えで済んできた社会を、〝とりとめない〟〝歴史的に遅れている〟と見る単純固陋な立場に強い反撥を感じる。

（鶴見 一九八四＝一九九四：三四九）

固定された観念を揺さぶり、そこにある人々の暮らしに目を凝らすと、見えないものが見えてくる。それは自由や、オルタナティブの発掘である。

自分の眼で見て考えること。問題を自分のものとして捉えること。鶴見が徹底して歩くことにこだわったのは、その眼を鍛えるためだった。

あらがう人々を記憶する――ノーマ・フィールド

三人目にノーマ・フィールドをとり上げたい。彼女の『天皇の逝く国で』を見よう。この本はこれまでの二人の本とはいささか感触が異なる。思考する人の静謐なたたずまい。彼女は鎌田や鶴見のような、いわば旅のプロではない。けれども、精神のありようと歩く姿勢が結びあっていることを教えてくれる点は、共通している。

描かれるのは、昭和の終わりと平成の始まりである。ある一人の人物の生命の行方に全国民がかたずをのんでいた日々。昭和天皇危篤の秋から、代替わり儀式の冬を経て、「アキヒト」の次男の結婚の夏まで。沖縄国体で日の丸を焼き捨てた知花《ちばな》昌一、自衛官だった夫の護国神社合祀を拒否する中谷康子、昭和天皇の戦争責任発言を行った長崎市長の本島等《もとじまひとし》。三人を訪ねる旅のなかで彼女は、社会における日常生活の抑圧性とそれにしなやかにあらがう人々の多数の声に出会う。

> 彼らはふつうの人たち――それだけに、どんな問題も抵抗も呼び求めることのない世紀末日本では、ふつうならざる抵抗者である。彼らはこの社会にかたく結ばれている。それでも圧倒的な趨勢に抗して、この社会が差しだすご褒美に膝を屈するのを拒んでいる。彼らの生活について知りえたことを、私は記憶にとどめておかなくてはいけない。（フィールド　一九九四：三七）

日常や毎日の生活をどのようにすれば自分のよりどころとなしうるのか。その手がかりを得る一つの手段が歩くこと、そして考えることである。
三人が歩いたあと――それは思考の歩みのあとでもある――をたどって見えてくるのは、彼らが歩くという方法を選んだのは、それがものごとをよく見て、考える方法だったからだ。どうやったら、自分の属する社会について、考えを深め、望ましい未来を構想していけるのか。その芽は、人々の日常のなかにある。

島といのちと布

安本千夏『島の手仕事――八重山染色紀行』

この本は、沖縄・先島の八重山諸島を染色という面から見つめた本である。

著者は、東京から八重山の島々の一つである西表島に移住し、染織を生涯の技とすることを選んだ女性。彼女が、その島々の人々を訪ね、その技と思いを聞き取るというのがこの本だ。一六人の人が取りあげられているが、どの人についても、しっかり聞き書きと背景説明がなされ、何葉もの素晴らしい写真がテキストに添えられている。本のつくりも、しっかりとした本文用紙にしっかりとした表紙が付けられている。出版した南山舎は石垣島にある出版社だ。丁寧に書かれた本であり、丁寧に作られた本である。

取りあげられている人は様々だ。女の人が多いけれども、男の人も取りあげられている。昔からの伝統を体で覚えている高齢の人もいれば、島の外からやってきて、技術を学び、それを次に伝えようとしている人もいる。そのような人たちの言葉から、布を織るとはどういうことか、それが島とどうかかわっているのかがだんだんと見えてくる。

手織りの着物。それなくして神行事はなりたたない。（中略）旧盆や結願祭の場で、そんな誇りあふれる言葉を幾度となく耳にした。いわれるまでもなく、焦げるほどに染めあげられた紺地の着物には圧倒的な存在感がある。島人の美意識がくっきりと貫かれている。目に留まるのはクンズンだけではない。軽やかに舞う青年たちが身に着けたほのかに黄味を帯びた芭蕉の着物。足元を駆け抜けていく子どもたちの白地に経縞の可愛らしい衣装。夫や子どもら、そして孫のためにと丹精込めて織り、しつらえた着物、そのどれもが島の女たちの手によるものなのだ。（安本 二〇一五：七七）

クンズンとは、島の藍で染めた濃紺の糸で織られた着物であり、八重山諸島の一つ小浜島の伝統的な祭りに参列する男たちの正式な衣装である。「紺染」を琉球語で発音すると母音交代でオがウになり「クンズン」になるようだ。祭りは島の人々の手によって行われる。その祭りに参列する人々の身に付けるものも島の人々の手によって作られる。祭りとは共同体の根幹に位置し、その共同体を形作る規矩のようなものであろう。それはその共同体の人々の手によって維持されている。

本書ではあまり触れられていないが、島の織物には、琉球王朝時代の人頭税の歴史もある。人々の苦しみのなかで生み出されたものだからこそ、人々を繋げるという側面もあるだろう。

布には、意味がこもる。布は、布でありながら、そこには、織り手の費やした時間がこもり、同時に、様々な意匠や素材の選定にはその文化が積み上げてきた美に関する共同の意識が織り込まれる。


「私が徳吉マサさんから織物の講習を受けたのは、昭和五四年でした。その時、最初に習ったのは真っ白な着尺地でしたよ。経緯木綿の平織り。一反あまりを織りました」。島へ嫁いで間もない彼女は、やがて白い布の意味を知った。それは集落の葬式に初めて参列した時のことであった。現世からあの世への旅立ちの日、墓所へと向かう長い行列を両側から見守るように白地の布をお供にしていたという。布地の意味を問うと、染織の先輩婦人から「それは先祖を見守る子孫を表すのだよ」と教えられた。

（安本 二〇一五：二四二）


これは与那国島で与那国織を織り続けるある女性を描いた章の一節である。布とは、生命だけでなく生命を超えた世界とのつながりをも示す。自然と共同体と個人と個人を超えたものが布を通じてつながっている。人が織物に惹かれるのはそのようなありように惹かれるということでもあろう。

著者の安本自身もそんな人であるのかもしれない。本書の末尾は、彼女の身に新しいいのちが宿り、それがこの世に生まれいでる場面で閉じられる。島に来て、織りに出会い、織りをする人々に出会った彼女は、そこで聞いた言葉を「人生が凝縮され雫となって滴り落ちた言葉」と書く。

手仕事とはなんだろう。手が為す仕事。手が為すこととは人が為すことであり、人が為すこととは、その人のいのちの軌跡である。著者はそれを島で学んだ。島で暮らすことは楽なことではない。だがしかし、そこには人がいて、いのちがある。そしてそれをつなぐ布がある。八重山の島々とは、それを凝縮して教えてくれる場所なのかもしれない。

石になった人の声

小野和子『あいたくて　ききたくて　旅にでる』

旅をすることとは、人と出会うことであり、人と出会うことは声を聞くことであり、声を聞くことは物語を聞くことである。

この本は、仙台の地を拠点に、東北の村々で、五〇年近くにわたって民話の採訪を行ってきた小野和子が、そのなかでの出会いをつづった著書で、採訪の方法論だけでなく、物語とは何か、声とは何か、とりわけ、小さな声とは何か、その小さな声をどう聴くことができるのかが書かれている。

小野が民話の採訪を開始したのは、一九七〇年代初め。彼女は三〇代なかばだった。岐阜出身で、東京で学んだ小野は、結婚とともに仙台にやってきて、その地で子育てをしていた。民話の採訪を思い立ったのは、子育てのさなかである。縁もゆかりもない仙台の地での民話の採訪を思い立ったのは、何かに突き動かされるようなものだったという。

小野は、数々の民話を採訪してきたが、民話との出会いは、よくわからないものだという。訪ねた山深い村の人は、民話を語ってくれる。しかし、その民話の底にあるものが、何かわからない。何かがあるように思える。民話はある定型で語られる。定型であるから、話し手の心は現れにくい。けれども、その底には、確かに何かがある。その底に、話し手の何かがあるから、その民話は語られる。小野は自らのわからなさに導かれるように歩きつづけた。

> この言葉には、どんな思いが託されていたのだろうか。わたしにはわからなかった。（中略）しかし、このわからないという思いが、東北の地の人々に話を聞かせてもらうために歩くようになった、わたしの出発点なのかもしれない。
>
> （小野 二〇一九：一七）

小さな声とは、聞き取るのが難しい。しかし、その声は、隠れている。どこに隠れているのか。それは、定型化した民話の底に、である。その声が隠れているから、聞き手は、その民話を聞きたいと思うのだし、その声を隠す懐があるから、民話はこれまで語り継がれてきた。民話とは、その意味で、文化の不要物でも、文化の余剰物でもない。そうではなく、人が生きていく際に、欠くことのできないもの、それがあることで、人が生きてくることができたものである。

民話には、人々の声が隠れている。しかし、と同時に、その声は、声とはならないこともある。本書のなかに、「石のようになった人」がでてくる。迷い込んだ山里の集落の一軒家にあつまる老婆たち。そのなかに「石のようになった人」がいた。


「この人は苦労がひどかったから、もう口きかなくなったのよ」

「お茶っこ飲みに誘えば、こうして出てくるけど、黙って座っているだけだ」

「んだ、んだ、なんにもいわねぇ。石みだぐなってしまった」

「ほんとう、石みだぐなってしまった……」


（小野二〇一九：二九）


物語の底には、苦労の世界があり、その苦労の世界の底には、さらに物いわぬ世界がある。声を聞くこと、物語を聞くこととは、そのような声にならない声を聞くことでもあるだろう。

旅に出る。声を聞く。物語を聞く。それは、聞こえない声を聞くことでもある。

風土と物語

梨木香歩『椿宿の辺りに』

物語の入り口

異世界への入り口はどこにあるのだろうか。異世界への入り口は、墓場や、巨木のほこらや、ひと気のない夕暮れのさびしい裏道など、おどろおどろしい隠されたところにあるように思われるが、しかし、じつは、異世界への入り口は、そんなところではなく、もう、そこに口を広げているのかもしれない。異世界の「異世界性」は、「異《い》なる」語りによってもたらされもするから、もし、「異なる」語りが始まったとしたら、もうそこが異世界になる。異世界は、どこかにあるのではなく、「異なる」語りが始まる「そこ」や「ここ」にある。梨木香歩の小説の多くでは、主人公が異世界に入り込むが、その入り口は、どこかにあるのではなく、すでに、その小説が始まったときから、そこにある。そういう意味では、物語が始まることそのものが異世界への入り口である。

痛みが入り込む

「私」に痛みが生じるのが、この物語の発端だが、痛みは異世界への入り口だろうか。確かに、そう見えるが、必ずしもそうともいい切れない。なぜなら、それは、すでに「私」のなかに入り込んでいるので、入り口というには適切ではないようだからだ。とはいえ、「私」に痛みが生じたのがこの物語の発端なのだから、それは入り口でもある。いや、痛みが体のなかに入り込んでいるのだから、異世界という物語が「私」のなかに入り込んだというべきか。この「物語が入り込む」という感覚は、この小説を貫くモチーフで、人つまり言語を操り、言語に操られる存在は、物語に入り込まれている、という感覚がこの小説を動かす根源にある。

図２　梨木香歩『椿宿の辺りに』カバー

注）装画：今村紫紅「海の幸山の幸屏風」、装幀：田中久子
朝日新聞出版の許可を得て掲載

歴史が入り込む

その物語は、数千年規模の物語である。一万年を超えるのかどうかは、その物語の本質にかかわる問いであり、この後、あらためて触れよう。物語は、「私」のなかに入りこんでいる。どのようにしてそれは「私」のなかに入り込んだか。名前を通じてである。「私」は山彦という名を持つ。この名はどこから来たのか。「私」こと山彦は正確には、山幸彦という。『古事記』に見える名だ（図２）。『古事記』のなかには、海幸彦と山幸彦という

二人の兄弟の争い譚がある。聖書のなかのカインとアベルの兄弟の争い譚と似ている。『古事記』に登場する神の名前を与えられたことで、「私」すなわち山彦のなかに、数千年規模の歴史が入り込んだ。

海子こと海幸彦

山幸彦がいるなら、海幸彦がいなくてはならない。実際『椿宿の辺り』の「私」こと山彦には、海幸彦という名の従妹がいる。海幸彦という名は女の子にはふさわしくないので、「海幸比子《うみさちひこ》」と書かれ、彼女は、通称として海子という名を名乗っている。海子は山彦の二才年下。この一族をめぐる歴史が、山彦の痛みに関係している。山彦は、三〇代初めくらいの男性。独身。「四十肩」ならぬ「三十肩」ともいえそうな、突然起こった腕から肩にかけての原因不明の痛みに悩まされている。ふと気になって連絡を取った従妹の海子も、肩ではないが、靭帯や関節の原因不明の突発的な痛みに悩まされているらしい。二人が、「仮縫」という奇妙な名の鍼灸院に通うことから、痛みが歴史の物語とシンクロして、動き始める。

ある一族の近代

ここでいう歴史とは、一つには、山彦と海子の一族である佐田家の歴史である。それは本書のなかでは、曽祖父の豊彦の代から語られ始める。豊彦が、本願の地である「椿宿」――四国のどこかを思わせる——から、都会に出てきた頃の話だ。豊彦の故郷からの出立は、日本の近代国民国家形成期の話であり、立身出世の物語である。これは、ベネディクト・アンダーソン（Benedict Anderson）が『想像の共同体』（二〇〇七）のなかで、「巡礼」と呼んだ知識社会の中心地へ向かう人流である。豊彦は、都会に出て、知識の世界に入り、植物園に職を得た。日本の植物園は、徳川時代の薬草園の系譜を持つが、西洋起源のプラントハンターの系譜にも連なる知の帝国主義の表象でもある。豊彦の子どもが、道彦と藪彦。道彦は夭折し、藪彦が佐田の家を継ぐ。藪彦には、男と女の子どもがいて、その男と女の子どもに、同じく男と女の孫が生まれた。藪彦は、その二人の孫に、山幸彦と海幸彦という名前を付けるが、それが「私」と海子である。それにしても、なぜ山幸彦であり、海幸彦なのか。しかも、兄弟ではなく、従兄妹にその名前が与えられるとは。その謎解きが、「私」と海子の痛みの謎解きでもある。

歴史の語り直し

二人が、痛みの原因を探るなかで、本貫の地の椿宿に至り、佐田家所有の古民家にたどり着き、発見するものがこの小説の核である。それは何か。藩政時代の物語であり、その藩政時代以前の中世の川の物語であり、さらに、その川を作ることになった火山噴火の物語であり、その噴火によって消えた神社の物語であり、さらに、その噴火以前にその地に住み着いていたいきものたちの物語である。それらが重層しながら、山彦と海子の前に現れるが、山彦と海子が、その歴史を自ら語り直すことができたとき、彼らから痛みは消える。

心の痛み、体の痛み

それは、歴史に翻弄されるだけだった二人が、主体性をもって、物語を自らの語りに変えていく過程でもある。物語に翻弄されることは、人間にとってつらい状況である。「私」こと山彦にとっても、その従妹の海子にとっても、兄弟間の葛藤という物語を秘めた名を与えられることは、計り知れない重圧を精神に与えた。さらに、そこには、神話に加えて、佐田家というイエの重い歴史にもかかわる事柄も見え隠れしている。そうとなると、それは、よりずしりと肩に食い込むものとなっただろう。肩ではなく、心に食い込んでいたという方が正しいかもしれないが、心と体は通底しているので、物語の痛みは体の痛みとなって表れた。与えられた物語を、どのように自分の物語として語り直せるかが、痛みという苦からの脱却のカギである。痛みは象徴であり、必ずしも物理的な痛みとは限らない。象徴は、言語による人間の内的構築物である。一方、痛みは、身体的なものだが同時に、精神的なものでもある。人間の痛みのこの二重性は、人間が、身体と精神の二つからなる存在であることから来る宿命でもある。

物語の連なりとしての風土

本書を貫く思想は、風土とは、物語という人間による言語的構築物と、その外部の自然という森羅万象が一体となって作り上げたものだという思想である。物語とは、本書では、まずは『古事記』の物語である。『古事記』に記された物語は、文字のない時代の人々から脈々と受け継がれた歴史だが、「記」として記されることで、固定化され客観化されたモノとなる。だが、物語は、じつは固まり、留まってはいない。さらに新たな物語を駆動する。物語は、流動し、変形し続けるものなのだ。そのような物語の連なりのなかで、数千年以上にわたって繰り広げられて来たのが、この列島の歴史だ。列島の歴史は、列島の自然環境の上に存在しているが、それは、物語のなかに取り入れられることで、単なる自然環境ではなく、物語空間の重要な一部になる。そうしてでき上がった物語空間は、森山川海などのものたちと、ことば、名、物語などからなる人間が作り上げた構造物である。その総体が、風土である。（なお、風土と名についてはこの次のエントリーと第３章でも見る。☞44、160ページ）。

心の内部と心の外部

風土とは、たんなる自然環境ではない。かといって風土とは心のなかだけにあるものではない。それは、人間の心のなかというものが、その外に出ていき、現実のある場において現象しているという意味で、人間の内面と、外部世界がともに作り上げたある境域である。つまり、風土とは、たんなる環境でもなければ、自然でもない。もちろん、単なる物語でもなければ、心的現象でもないものと、ことと、語りが一体となってある場において作り上げたものであり、ある一定の時間、それがそこに堆積したことで厚みを帯びた現象物である。本書は風土について語っているると述べてきたが、本書のなかに、風土という語が登場するのは、たった一か所である。興味深いことにその一か所は、「精神的風土」と表現されている（梨木 二〇一九：二八九）。これは、風土とは、こころの外部にある森羅万象を指すのではなく、心の内部にある精神と、その外部にあるあらゆる存在物が、分かちがたく結びついたものだということを示す。

風土は桎梏か

風土は桎梏だろうか。確かに、山彦と海子に取り付いた風土は桎梏であった。しかし、それは、語りによって変えていくことができるものでもあった。人間は、環境と切り離して生きることはできない。人間が生まれ落ちるのは環境のなかだが、その環境は、風土として、様々な意味を帯びた関係性のなかにある。だが、そこに「意味」がある限り、人間は自らの言語によって、それを語り直すことができる。そのような語り直しの連なりによって、風土とは長い年月をかけて、この地球上に作られてきたものであろう。語り直しは、その過程のなかで起こる自然な現象である。つまり、風土とは、桎梏でもあるが、語り直すことができる、可塑性のあるものでもある。

全体と部分

語り直しにおいて、本書では、「仮縫」という名の鍼灸師が重要な役割を果たす。鍼灸師が行っていることとは何か。それは、「経絡」と呼ばれる気の流れに作用をおよぼし、流れを活性化させたり、流れを変えたりすることである。それが彼らにとっての治療だ。経絡とは流れだが、本書では、川の比喩ともなり、佐田家の本願の地である椿宿の川の流れの問題と重なり合う。そこには、天と地の照応、宇宙というマクロコスモスと、人体というミクロコスモスの照応の思想がある。本書の「まえがき」でも簡単に触れたが（☞11ページ）、天と地の照応は、東アジアの思想の一つで、「天文《てんもん》」と「人文《じんもん》」という語がセットになっていることに見られるように、環境と人間が分かちがたく結びついていることを示す（寺田 二〇二一ａ）。本書のいう「痛み」も、そのような環境と人間の照応の一つである。「全体と切り離して個は存在しえないのです」と、梨木はその鍼灸師に語らせている（梨木 二〇一九：二九八）。

呪術と意味の体系

この仮縫という名の鍼灸師は、「御師《おし》」の流れをくむ人であった。御師とは、平安時代から存在するカミ（神）にかかわる一種の民間の呪術者である。本書で御師は、「人助け」のために物語を操る者として描かれる。呪術というと神秘的なものが連想されるが、本書は、呪術を神秘化して描かない。本書は、呪術者の物語に対する行為を、人類学のクロード・レヴィ＝ストロース（Claude Levi=Strauss）のように、合理主義・科学主義の立場から捉える。レヴィ＝ストロースは、『構造人類学』（一九七二）のなかで、世界各地の呪医の事例をもとに、彼らが様々な「仕掛け」を用いいながら、「患者」を自らの世界観、すなわち物語のなかに引き込み、その物語をベースにして治療を有効化させることを示した。レヴィ＝ストロースは、ある北米先住民の呪医が、「治療」のなかで、幼虫を手のなかから出して、「これがあなたの身体の痛みの元であった」と託宣する事例を紹介する。それは、その呪医を信じる者にとっては、まさに痛みを引き起こしていた元凶である。しかし、呪医を信じない者――あるいはトリックを知っている文化人類学者――にとっては、それは、単に、その呪医があらかじめ手のなかに隠し持っていて、あたかも患者の身体から取り出したかのようにして見せた、そこらで採ってきた幼虫にしか過ぎない。つまり、治療とは、ある意味の体系のなかに入るか入らないかという問題なのである。意味の体系とは、世界観であり、物語である。呪術師が行うのは、世界観や物語の操作である。そのように、呪術を捉えた上で、本書は、物語を操る行為を、否定されるべきものとして描いてはいない。人間は言語によって世界を解釈することから離れられないのだから、その物語の力が悪の方向ではなく善の方向で利用されている限りは、それは、正しい行為であろう。それは、呪医だけの問題ではない。物語を語るという、小説そのものの問題でもある。

中空構造

物語は、人間の深層に影響を与える。本書は、『古事記』の海幸山幸神話を単純になぞっているわけではない。もう一つのひねりを加えている。宙彦という登場人物を登場させているのだ。この宙彦は、佐田家が椿宿に所有している古民家を豊彦の頃から借りている借家人鮫島家の子孫で山彦と海子とほぼ同じ年齢だ。鮫島家は、藩政時代に、佐田家の仕えた藩主の使用人だった。その末裔が期せずして、宙彦という名を持つことになったのである。宙彦は、「そらひこ」と読むが、「宙」とは、「空《くう》」を表象する。実際に『古事記』の海幸山幸神話には、もう一人の登場人物がいて、その登場人物は、名前だけは登場し、実体の与えられない無為の「空《くう》」な存在である。本書では「宙彦」がその役回りを担う。『古事記』における空なる存在に注目したのが、臨床心理学者の河合隼雄で、「『古事記』神話における中空構造」という論文を書いている（河合 一九八〇＝一九九四）。本書は、直接的には、この河合の説を下敷きにしているが、本書が下敷きにしているのは、この河合の『古事記』をめぐる所説だけではない。河合の物語への姿勢も大きな影響を与えている。

第三極の「空」

河合が中空構造を発見したのは、日本人の心の探求の過程のなかである。彼は、若い頃、アメリカ留学を経てスイスにわたり、チューリッヒのカール・グスタフ・ユング（Carl Gustav Jung）の下で精神分析、心理学を学んだ。ユングは深層心理を様々な「アーキタイプ」によって解釈する方法を提唱したが、河合は、ユングの教えを受容しつつも、それでは割り切れない日本人の心のあり方に悩んでいた。ユングのアーキタイプは人類の普遍として提唱されているが、じつは、西洋の様々な文化的刻印を帯びている。日本人の心の問題と折り合わない部分もある。それに気付いた河合は、日本に伝わる昔話や神話を読み漁り、その中から『古事記』の中空構造を見出した。中空とは、二つの極の間にある第三極が「無」や「空」として表されることである。河合は、そのような構造が、『古事記』には数多く見られることを発見した。アメノミナカヌシやツクヨミがその例だが、海幸と山幸の間にいるもう一人の無為の存在もその例である。それは、二元論的ではない世界観である。西洋の二元論に対する、日本的な非二元論的心理構造を解釈するツールとして河合はこの中空構造を提唱した。ただし、この第三極の空は、日本的ともいいがたい。西洋のキリスト教神学においては、父と子と精霊という三位一体において、精霊という第三極が「空」に近い薄弱な扱いをされることがある（Plantinga et al. 2010: 284-285）。ヘーゲルも『論理学』で、弁証法における第三の極を問題にする（Hegel 1841=1951: 337ff.）。河合の解釈は、日本的を強調しすぎともいえるかもしれない。当時のいわゆる日本文化論が全盛期であった時代背景を割り引いて考える必要もあろう。（二元論と非二元論については、この次のエントリーでも検討する。☞52、58ページ）。

風土学と〝中間〟学

本書のなかで宙彦は、直接、姿を現すことはない。彼は失踪中で、文通だけで佐田家の歴史にかかわる山彦と海子の痛みを解決する存在として描かれる。まさに不在であり、「中空」そのものだが、その「中空」性が、山彦と海子という二元性では解きえなかった問題を解くことに寄与する。二つの極の「間」の第三の領域に注目することは、風土学の基本である。この次のエントリーで見るように（☞55ページ）、和辻哲郎が『風土』で提唱した風土学を推し進め国際化したフランスのオギュスタン・ベルク（Augustin Berque）は、「通態」という用語を提唱しているが、それは、人間と環境が主体でもなく客体でもなく、「通態的に」世界に存在することをいった語である。通態とは、主体（主観）と客体（客観）という二極の「間」にある第三の領域である。「風土学」を、ベルクはフランス語でメゾロジー（mésologie）と表現するが、メゾとは「中」という意味なので、文字通りに訳せば「中間学」とも訳せる。河合隼雄のいう「中空」とは「中間の空性」という意味だが、ここでいう、「空」とは「無」ではない。「色即是空、空即是色」に見られるような、あらゆるものを発生させる境域である（発生の境域については、第2章と第3章でも見る。☞118、180ページ）。「空《くう》」の思想といわれる仏教のナーガールジュナ（竜樹）の思想は、「中論」と呼ばれるが、それは、まさに、二極の間があらゆるものを発生させる「空」であるということを主張する。風土とは、そのような、二元論では割り切れない、精神と物質という二極の「間」の第三の領域にグラデーション的にあらわれる現象である。

「失われた釣り針」神話と更新世

河合隼雄のいう「物語」とは、ひとがたましいの安逸を保つためのものであった。物語を適正に語ることがひとにとって大切なことである。河合は、それを心理学の問題として捉えた。それを踏まえつつ、梨木香歩は一歩進めて、本書で風土と人間の物語として定位しようとしている。河合は、

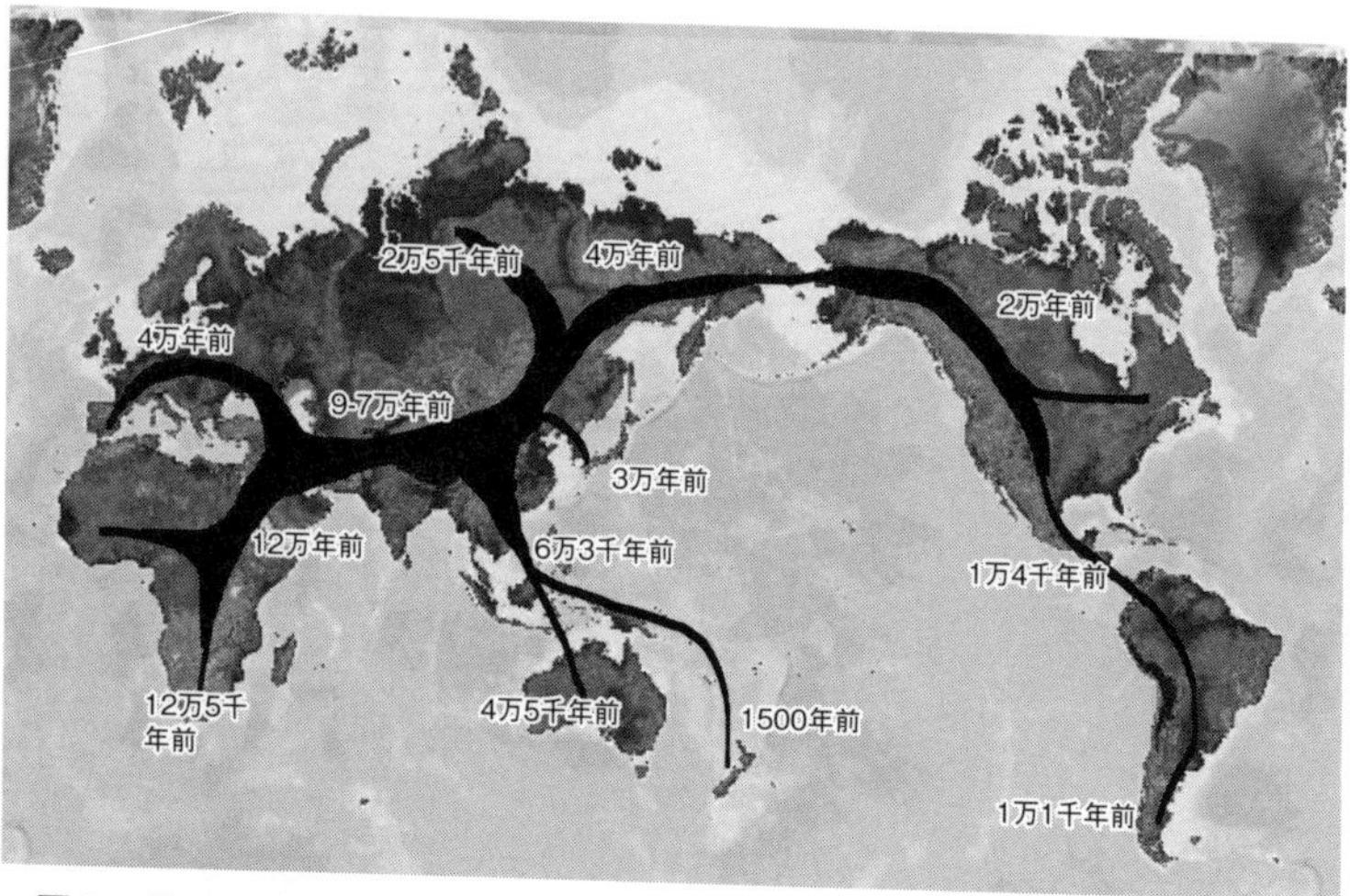

図３　約10万年前の出アフリカ以来のホモ・サピエンスの地球上での拡散

出所）Parker and Roberts 2015: 548-549 を元に寺田匡宏作成
注）地形図は国土地理院電子地図を使用している

日本人の心における中空構造を論じるなかで、多くの事例をあげるが、梨木がそのなかで特に海幸山幸神話を下敷きにしたことは興味深い。梨木が、あえてこの神話に注目したのはなぜか。この神話は、海の民と山の民の交流を示す神話であり、農耕に関する神話ではない。神話学では、この神話の「失われた釣り針」のモチーフの源流がインドネシアにあることが明らかにされている（大林・吉田 一九九七：六六―六七）。それは、農耕民である弥生人とは異なる者たちが、この神話をこの列島に持ち運んだことを示唆するだろう。ホモ・サピエンスは、物語とともに、地球を旅してきた。アフリカの大地溝帯を約一〇万年前に出て、アジアを経て、北米と南米に移動していった彼らが携えたのは、モノとしては、おそらく手や籠で持ち運びできる石器くらいだっただろうが、同時に、言語で語られた物語や歌も運んでいたはずだ。更新世は、約二六〇万年前に始まり、完新世は約一万年前に始まる（図1）。出アフリカ以来の人類の旅は約一万年前にはすでに南米に到達していたので、完新世が始まった頃には、すでに、ホモ・サピエンスの地球上での拡散は終了していた（図3）。非農耕は、更新世的なホモ・サピエンスの在り方である。神話に見られる非農耕的要素は、ホモ・サピエンスが物語を携えて移動した更新世の歴史の痕跡でもあるだろう。約五万年前にはユーラシアから東南アジアを経て、オーストラリアにホモ・サピエンスが到着していたといわれる。釣り針神話はそのような移動の過程で彼らによって運ばれていた可能性もあろう。本書のなかには、ちらりと「森の民」という非農耕民が姿をあらわすが、梨木がこの神話を取り上げたことで、この物語は更新世をも視野に入れることになった（更新世の問題は、次のエントリーでも検討する。☞46ページ）。

ツバキ、カジカ

本書には、魚類の在来種への言及がある。「私」の痛みが解決に近づいた場面で、川魚のカジカが登場するが、カジカにはその川だけにいる固有の在来集団があることが述べられる。本書のなかで直接には言及されていないが、本書のタイトルともなっているツバキもそのような含意を秘めて本書に登場しているだろう。ツバキは、日本の在来種である。ツバキも、カジカも、人間がこの列島にやってくる以前からそこにいた。ホモ・サピエンスは、もともとこの列島にはいなかった。ホモ・サピエンスは、この列島では、外来種である。ホモ・サピエンスがいなかった頃、この列島の住人は、いきものや植物たちであったはずである。そんないきものたちが織りなした列島の様相も、風土であったともいえよう。アフリカを出て数万年の旅をしてきたホモ・サピエンスは、そのような、非=人間がおりなした風土の上にやって来た。そうして、今度は、そこに、新たな物語を織りなしていった。そのような、ひと、もの、いきものの長い歴史を織り込んだものが風土であると本書は示唆する。

風土を「おさめる」

風土が、人間と自然環境との相互作用の現象であるとは、この地球は、人間による物語のなかにあるということである。もし、そうならば、この地球が病んでいるとき、病は物理的に治療されると同時に、物語的に治療されうるということでもあろう。鍼灸師の仮縫は、経絡を川の流れの譬えを用いて語る。経絡は動くものであり、その動きのなかにある経穴《ツボ》を整えることが必要だという。それを、彼は「おさめる」と表現する。「おさめるところをおさめさえしたら、あとは安静にしておけば、身体は自然と回復していくもの」（梨木 二〇一九：二九七）と彼はいう。鍼灸師が行うのは、あくまでその手助けであるというのだ。それは、治療ではあるが、同時に、伴走であり、介添えである。本書のなかで、痛みに導かれて「私」が本貫の地を訪ねて発見したのは、その地のアイデンティティの源泉でもある川が治水という名目で、コンクリートの暗渠に埋められた姿だった。それが原因で、それまで起こりもしなかった洪水が起きるようになっていた。川とは、動き、経路を変えるものだったはずが、人間の都合によって固定され、不当に矯められていた。「治水」という語にも「おさめる」という語が含まれているが、それは、仮縫のいう「おさめる」とはずいぶんと違う。逆に、流れがうまく流れないようにされている。それは、自然を、操作の対象物とすることによって生じた「病」である。現在、地球を覆っている環境問題とは、そのような「病」であろう。そんななか、自然と人間との関係性を考え直す基盤となるのは何か。本書は、それを、風土と物語という点から考える大きなヒントを与える。（なお、歴史と未来における「経路」の問題については第2章でも見る。☞71、102ページ）。

人新世の風土学

『風土記』
和辻哲郎『風土』
オギュスタン・ベルク『風土の日本』

「風土」という語への関心が国際的に高まりつつある。人新世という、ひと、もの、いきものの関係が改めて問われる時代に、アジアからのオルタナティブな環境概念に期待されるものは大きい。

そのような時代に、『風土記』以来の千数百年の「風土学」を改めて見直してみるとどうなるのだろうか。風土学は、人新世の提唱によって提起されている様々な問題に応じるポテンシャリティを秘めている。ここでは、人新世という切り口から風土学を一望に眺めてみよう。

東アジア漢字圏

風土という語は、広く東アジアに根を持っている。現代でも中国語に、「フォントゥ（风土、fēngtǔ）」という語彙があり、ハングルに「プント（풍토、pungto）」という語があり、日本語に「フウド（風土）」という語がある。どれも同じ漢字で書かれる。

諸橋轍次の『大漢和辞典』によると、この語は、四世紀の中国の『国語』という書のなかにすでに見られるという。「風土」は「風気水土」の略語だという説もあるようだが、今日は「風土」の二字からなる単語が広く用いられている（諸橋 一九四三：一二巻―一三三八）。

この語は風と土という二語からなる。「風」は、空気の流れという物理的な実体を示すとともに、状態や兆しなどの非物理的な状況を示す。風景、風味、風俗、風習、風流などの例から類推できるように、観察者によって解釈されたあるものがまとう雰囲気のようなものを指す。一方、「土」は、文字通り土壌を指すが、国土や土着という用法に見られるように、人間と土地との結び付きのニュアンスを持つ。この二つが組み合わさった「風土」という語は、したがって、客観的な景観や環境という意味ではない。人間によって感知された現象を指す。

三つの風土学

東アジア漢字圏の用法を背景として、日本では、三つの風土の探求が生まれた。『風土記』の風土学（八世紀）、和辻哲郎の風土学（二〇世紀初頭）、オギュスタン・ベルクの風土学（二〇世紀後半〜二一世紀初期）である。その間には一〇〇〇年以上のスパンがあるが、互いに密接に関係を持ち、後行者が先行者を参照しつつ理論が形成されてきた。それぞれ独自の哲学的問いを持つ。順に、名前と起源、人間存在の条件、主語と述語の意味論であり、それを人間と周りを取り巻くものとの関係のなかで思考している。以下、具体的に見ていこう。

『風土記』の風土学

初めに二つの『風土記』があった。一つは、中国にあり、もう一つは日本にある。ただし、中国のものは現存しない。『晋書』（六八四）が、『風土記』という地理書が晋代（二六五―三一六年）にあったのを伝えるのみだ。これが最古の『風土記』である。一方、日本の『風土記』は、七一三年に、時のヤマト王権が地方政府に提出を命じた地誌の総称である。当時、日本の地方は「国」と呼ばれ、五〇を超える「国」があった。提出された『風土記』で現存するのは、播磨、出雲、豊後、肥前、常陸の五国の分である。

当時は、ヤマト王権が中央集権制を確立する最終段階だった。この政権は、紀元一世紀頃に成立し、現在の天皇家につながるとされる王権である。集権化のプロセスを、中国文明に倣い、社会の知識化・文字化を重視し、国語・国文の確立、国史や地誌の編纂は重要な要素であった。初の国史である『古事記』の編纂は七一二年、『日本書紀』は七二〇年だが、『風土記』の提出命令とほぼ同時期である。

名前と起源

『風土記』に記載されているのは、地名、自然地理、農産物や海産物、民俗譚などである。『風土記』は文学作品であると見られることもあるが、一般的には地誌であり、「学」とはいいがたいかもしれない。しかし、『風土記』は名前や起源、因果性という哲学的な問いに触れている。『風土記』のなかで地名の起源は、神話として語られるが、神話とは世界解釈の学である。『神話学』において、レヴィ＝ストロースは神話を、世界の秩序の理由と起源を説明する語りと定義した（Levi-Strauss 1964-1971）。彼の『神話学』は、現存する神話間の構造の類似を分析することで、そこに残るユーラシアから南北アメリカ大陸へのホモ・サピエンスの移動の痕跡を明らかにした。人新世という地質年代的観点から超長期のスパンで人類史を見ると、『風土記』も立派な「学」である。その語りは次のようなものだ。

讃容《さよ》郡　この地域がサヨと呼ばれる理由は次の通りである。昔、男のカミと女のカミがいた。彼らは夫婦だったが、この地域の権利をめぐって争っていた。女のカミの名は「球体のように完全な美しさを持つ女のカミ（タマツヒメノミコト、玉津女命）」である。彼らはどちらが早く作物を稔らせるかという競争で所有権を決めることにした。女のカミは、鹿をとらえ、腹を裂き、血のなかに米を蒔いた。すると、コメの苗が一夜で芽吹いた。男のカミはそれを見て怒り、「彼女は、仕事は昼間だけという黙契を破って、五月《サツキ》の夜《ヨ》中に仕事をした」といい捨てて、去って行った。そこで、この地はサヨと呼ばれるようになった。

（植垣 一九九七：七五―七六を元に寺田匡宏訳）

これは、農業や食物の起源を語るハイヌウェレ神話の典型的な一例である。

ハイヌウェレ神話

ハイヌウェレ神話は、東南アジア、オセアニア、南北アメリカ大陸に広く分布する神話で、食物の起源、とりわけ、タロイモやコメなどの農作物の起源をカミの身体からもたらされたものとして語る。それゆえ、それは、農耕社会の神話の典型だと考えられている。農耕社会は、新石器革命後に発達したが、それは更新世に代わって、約一万年前に開始した完新世の生産様式である。この時期に気候は氷河期から間氷期に移行し、それは現在も続いている。完新世における、旧石器から新石器への移行とは狩猟採集から農耕への生産様式の移行である。

けれども、ハイヌウェレ神話は、犠牲獣の遺骸からの再生を語る狩猟採集民の神話に深いルーツを持つ神話でもある（Witzel 2012: 357-358）。農耕よりもより古い時代の痕跡がハイヌウェレ神話にはとどめられているのである。農耕より古いホモ・サピエンスの歴史とは、移動の歴史であった。前のエントリーでも触れたが（☞38ページ）、それは、約一〇万年前にアフリカを出て、約一万年前に南米大陸の南端に至った人類の地球上での拡散の長い歴史である。この拡散は、大部分が完新世に行われたのではなく、その前の時代である更新世において行われた。狩猟採集民であったホモ・サピエンスは、物語を神話として携えて移動し、地球上に種をまくように残していった。ハイヌウェレ神話とは、そのような物語の一例である。

更新世的ナラティブ認知

『風土記』に記録されているのは、日本的な何かではない。それは、むしろ、アフリカを出て、ユーラシアを経て地球上に拡散したホモ・サピエンスの移動の痕跡であり、更新世にさかのぼる一〇万年近いスケールの記憶である。『風土記』には、確かに、稲作農耕が開始されて間もない日本列島の古代の風景が記録されている。しかし、同時に、それは神話を携え、地球上に拡散した更新世のホモ・サピエンスの姿も記録している。

名前とは何かという問題は、ものの本質や個別性に関する問いである。あるものを名付けるとは、カテゴリー化するという問題である。アリストテレスが、主語となって述語とならないものとして論じ（Aristotle 1933: 1017b10-25）、のちのブッダであるゴータマ・シッダールタ（Gautama Siddhartha）が縁起説で名色（名と形態）と識との関係のなかで論じるなど（岡野 二〇〇三：四七六、寺田二〇二二）、二〇〇〇年以上の長きにわたって問われてきた（☞160ページ）。現代ではバートランド・ラッセル（Bertrand Russell）の論文「名と意味」や、ソール・クリプキ（Saul Kripke）の『名づけと必然性』がこの問題を論じているが（Russell 1905=1956, Kripke 1980）、最終的な回答は出ていない。『風土記』は、その名前の問題を神話として説明しようとしている。

神話とは、起源あるいは原因への問いでもある。起源（原因）については、詳しくは第3章で見るが（☞126ページ）、これも長く哲学的に探究されてきた。「学」を知識の体系化というなら、神話は、名前と起源を問う世界の体系化の学である。『風土記』の風土学とは、更新世の神話的認知による名前と起源の探求といえよう。（なお、西田幾多郎は名付けの問題に取り組むことで「述語の論理（場所の論理）」に至ったが、これはこの後見るようにオギュスタン・ベルクの風土学に影響を与えている。☞60ページ）。

和辻哲郎の風土学

次に、和辻哲郎（一八八九〜一九六〇年）の風土学を取り上げよう。人新世という観点から見たとき、それは、「完新世の人間学の探求」といえる。和辻は二〇世紀前半の日本の代表的な哲学者の一人である。東京大学で学び、主に東京大学教授として活躍した。西田幾多郎を源流とする京都学派に属していたわけではないが、西田に招聘され一時期京大の助教授を務めるなど、京都学派とも密接な関係を持っていた。和辻の風土学は彼の主著の一つである『風土――人間学的考察』

（一九三五＝一九六二）のなかで展開されている。彼は、この本のなかで「風土学」という語をおそらく世界で初めて使用し、明確に一つの学問としての位置付けを与えようとした。

ハイデガーへの応答

彼が『風土』を書いた大きな動機の一つは、一九二七年から二八年にかけてドイツに遊学した際に、刊行されたばかりだったマルティン・ハイデガー（Martin Heidegger）の『存在と時間』（一九二七）を現地で読んだことである。『風土』の単行本としての刊行は、一九三五年だが、その元となった講義を彼は東大で一九二九年に行っている。ハイデガーの本を読んでわずか一、二年後の素早い対応だが、当時の日本の哲学界は、ハイデガーやエドムント・フッサール（Edmund Husserl）などのドイツの代表的哲学者と密接な関係を持っていたので、それも不思議ではない。京都大学からは、田辺元や三木清、九鬼周造、西谷啓治などが彼らの下に留学している。西田幾多郎は生涯日本を離れなかったが、海外の研究者と密接な関係を持っていた。西田とフッサールの間には文通があり、それは西田とフッサールのどちらの全集にも収められている（Eberfeld und Arisaka 2014: 17-18）。和辻は、ドイツ遊学中に、フッサールにも、ハイデガーにも面会はしていない。和辻とハイデガーは一八八九年生まれの同い年であり、和辻はハイデガーにライバル心を抱いていたようである。（ハイデガーと『風土』の関係は、第3章でも見る。☞137ページ）。

一方で、『風土』の執筆は、和辻自身が「人間学」として独自の哲学体系を発展させる過程の一部でもあった。『風土』の内容は、のちに彼の主著の『倫理学』全三巻（一九三七―一九四九）のなかに取り入れられ、家族から国民国家に至る人間の共同体における「間柄《あいだがら》」の問題として論じられる。

風土は「自然」ではない

和辻の『風土』は短い序章と五つの章からなり、内容は大まかに三つに分かれる。第一に風土の哲学的位置付け（序章、一章）、第二に風土から見た人間精神のタイプ分け（二―四章）、第三に風土学史（五章）である。理論化を行い、具体事例を詳述し、それを学史に位置付けるという緻密な構成で、「風土学」を学問として確立させようとする野心的な内容である。以下、内容を簡単に見ていこう。

第一のパートでは、風土を捉える二つの哲学的基礎が与えられる。一つ目は、風土は、自然とは異なることということである。

> ここに風土と呼ぶのはある土地の気候、気象、地質、地味、地形、景観などの総称である。それは古くは水土とも言われている。人間の環境として自然を地水火風として把握した古代の自然観がこれらの背後にひそんでいるであろう。しかしそれを「自然」として問題とせず「風土」として考察しようとすることには相当の理由がある。
>
> （和辻 一九三五＝一九六二：七）

通例自然環境と考えられているものは、人間の風土性を具体的地盤として、そこから対象的に解放されて来たったものである。

（和辻 一九三五＝一九六二：一）

和辻は、明確に「風土は自然ではない」という。彼は、「自然」を自然科学が捉えるような「自然」として認識する考え方を批判している。そのような考え方は通常「ナチュラリズム」といわれる。彼は、「日常の事実としての風土がはたしてそのまま自然現象と見られてよいか」と問いかける。今日、「自然」と称されているものは、ある現象を「自然」と見る解釈である。「自然」を「自然」と見るとは、そう名付けられる前は「自然」でもなんでもないふつうの経験を、「自然」と翻訳するレンズの存在によりもたらされる解釈である。江戸時代の日本では、現在、「自然」と呼ばれているものは「自然」と呼ばれず、「森羅万象」や「造化《ぞうか》」と呼ばれていた。和辻が用いる「日常の事実」という語は、その名を出しているわけではないが、フッサールの「生活世界(Lebenswelt)」という概念を想起させる。フッサールは、ナチュラリズムや科学主義、とりわけあらゆるものを数値化するような傾向を批判した哲学者である。フッサールの「生活世界」概念の提唱は、現象学運動の一環として、一九三五年、ウィーンで行われた（Husserl 1935=1992）。和辻の『風土』も同じ一九三五年に刊行されている。風土学と現象学は、ナチュラリズムをどう考えるかという点で、同じ問いを共有していた。

「外に出ている」

二つ目の哲学的基礎は、「外に出ている」ものとして主体を見ることである。これを、和辻は、ハイデガーを引用しつつ「我々自身の有り方は、ハイデッガーが力説するように、「外に出ている」(ex-sistere) ことを、従って志向性を、特徴とする」と述べる（和辻 一九三五＝一九六二：九）。一般的には、人間の精神と外界は切り離されていると考えられている。人間のこころのなかに、外界の物理的物体が入り込むことはできないし、人間の精神は、人間の内的世界を離れて、テーブルの上において観察することはできない。つまり、精神の内部領域とその外部の物理的領域はまったく別物だと考えられている。精神の内部の世界は人間の主観である。一方、外界の物理的世界とは客観である。主観と客観の世界はまったく別の世界であるというのが一般的な捉え方だ（その背後には、デカルト以来の近代思想の歴史があるが、この点については第3章で詳しく見る。☞141ページ）。

だが、和辻は、そうではないという。人間が寒いと感じるとき、どうして、人間は寒いと感じるのだろうか。寒さは、物理的なものである。もし、主観と客観が別であるならば、その物理的な寒さは、人間の精神とは切り離されているはずだから、人間は精神の外にある寒さを本来は感じることはできないはずだ。にもかかわらず、人間が寒さを感じうるということは、人間の主観世界と客観世界は切り離されていないと考えるしかない。和辻がいう、「外に出ている」とは、人間の主体が、実際は、こころという領域のなかだけにあるのではなく、こころの外の物理的世界にも存在しているということである。つまり、身体や環境のなかにも、人間の主体があり、それが風土という

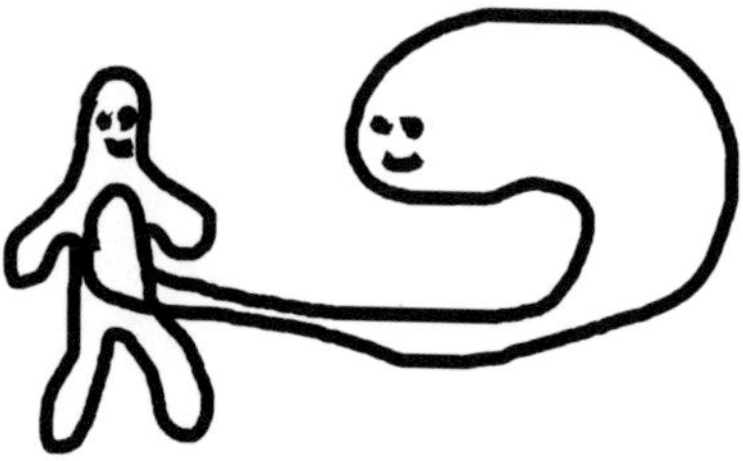

図４　「外に出ている」自己
注）寺田匡宏作成

現象の基盤にあるというのである。和辻は明示的には述べていないが、もちろん、外に出ているだけではなく、逆に、こころの領域に、外部が入り込んでいることも当然想定できる。これが、風土が、人間の精神内の現象であると同時に、外界の現象であるという意味である。

自己が自己を外から見る

ここには、精神の世界と物質の世界の二元性は存在しない。和辻は、世界は、精神の世界と物質の世界とははっきりと分かれているのではなく、一体となった部分があると考えている。このような考え方を、二元論に対して、中立的一元論（ニュートラル・モニズム）という。西洋では、ウィリアム・ジェームズ（William James）、バートランド・ラッセル（Bertrand Russell）やルートヴィヒ・ヴィトゲンシュタイン（Ludwig Wittgenstein）が唱えた（Banks 2014）。東洋にもそのような伝統があり、ゴータマ・シッダールタ（ブッダ）が唱えた縁起説のなかにも精神内の領域とものの領域を一続きのものとして捉える見方が含まれている（寺田 二〇二二：一四節）。

図４は人間の主体が自己の外部の領域に「出ている」状態を示したものである。自己が自己の外に出るとは、自己が自己を見るということでもある。和辻は「我々自身は外に出ているものとして

おのれ自身に対している」と述べる。第3章で見るように、自己が自己を見るとは、自己という現象の最も根本にある問題である（☞152ページ）。となると、風土の構造は、人間が自己を持つことと切り離すことができない。和辻は、風土性を「人間存在の構造契機」（和辻 一九三五＝一九六二：二）と呼ぶが、それは、このことである。この自己が自己を見るとは、どちらがどちらを見ているか決定できないループである。このようなループは、自己が自己を作るオートポイエーシスのループであり、ハイデガーは技術の根底にあるピュシス（自然）についてそれを見出している（☞146ページ）。人間存在の構造契機は、同時に、自然（ピュシス）の構造契機でもある。

モンスーン、砂漠、牧場

和辻の『風土』の第二のパートでは、風土と人間の類型の具体的な事例が詳述される。風土は、地球空間的のみならず、時間的な現象なので、それは特定の場所と時代に結び付いている。彼は、地球上に見られる風土のタイプとして、モンスーン、砂漠、牧場の三つを提示し、そこにはその風土に特有の人間の精神のタイプがあるという。現在の視点から見ると、地球上には、様々な環境があり、それに即した人間タイプがある。それを三つに限定したことは和辻の限界でもあろう。とはいえ、三という数字に意味がないわけでもない。ヘーゲルは世界史の構想において、三つの自然の型を示した（Hegel 1822/1828=1955: 192-198）。この後、このエントリーの最後で見るように、和辻は、ヘーゲルの世界史論を風土学の先駆者と捉えていたので、それを引き継いでいるのである。

和辻のタイプ分けによれば、夏の台風や多雨など自然の猛威が卓越し、農業が協働作業を必要とするアジアのモンスーン風土では、受け身的なパーソナリティが顕著であるという。それに対して、灼熱の太陽光に射られる中東の砂漠という風土では、人間は自然に対して渇きのなかで一個人として対峙せざるをえず、一神教を胚胎し、神に対し個人が個人として屹立するパーソナリティが生まれる。西ヨーロッパの中緯度の牧場風土は、夏は少雨で、自然の猛威は見られない。自然環境は大変穏やかであり、それにしたがって人間のタイプも理性的で客観性を尊ぶタイプとなる。

環境決定論から相互依存性へ

このタイプ分けは、和辻がドイツ遊学の際にインド洋を経由して日本からヨーロッパに航海した経験をもとにしている。この部分は、主観的印象だとか、環境決定論的であるとかと批判されることが多い（Berque 2000: 203-205; 2011: 22-23, Johnson 2019: 40ff.）。だが、決定論とは、西洋のレッテルの可能性もある。決定論の対となる概念は、自由意志だが、それはキリスト教的価値観において、全知全能の神が作った世界で、人間がどのように自由な意思を持ちうるかという問いからきているからである。全知全能の神が世界を作ったという世界観を持たない社会では、決定論と自由意志という発想自体が問題にならないだろう。また、現在では、フェミニズム批判などを中心に、相互関係や相互依存性が重視されている（Haraway 2016）。決定論という批判の枠組みをそもそも再考する必要もあろう。（この点については、本書第2章でも見る。☞105、109ページ）。

人新世前夜＝完新世の風土学

批判が多いものの、人間類型のタイプ分けは和辻の風土学の重要な構成要素である。人新世という視点から見ても興味深い。それは、このタイポロジーが、人新世前夜である完新世の典型的な風土を描写したものだからである。人新世の提唱に際しては、人新世は、二〇世紀中盤の「大加速」と呼ばれる全世界の急速な工業化により開始したといわれる。和辻が、ヨーロッパ渡航の船旅で目撃した世界は、その大加速の直前の世界である。

人新世の開始前とは、完新世である。人新世の自然とは、人間による攪乱の影響で予測がつかないふるまいをする理解不能な自然である。だが、完新世における自然とは、理解可能であり、予測可能な自然であった。それにふさわしく、完新世の理想的な人間タイプは理性的な人間性である（寺田・ナイルズ 二〇二〇：八〇）。和辻の分析はそのような人間理解を前提としている。彼にとって、理性とは西欧に結び付いたものであり、それは西欧の風土がもたらしたものであった。和辻が理性とそれを生み出した風土を高く評価していたことは、完新世的価値観である。和辻が見た光景は完新世の光景であり、和辻自身の価値観も完新世的価値観である。和辻の風土学とは、完新世的な人間学であるといえよう。

オギュスタン・ベルクの風土学

さて、第三番の風土学は、和辻の風土学を参照し、批判しつつ展開するフランスの地理学者で哲学者であるオギュスタン・ベルクの風土学である。彼は、それを西洋の近代パラダイムを乗り越える方途として提唱する。和辻の風土学のなかにも、このモチーフは含まれてはいたが、彼の風土学にとってそれはメインテーマではなかった。一方、ベルクは、それを明確に掲げる。第3章で詳しく見るように（☞141ページ）、西洋の近代思想・哲学の主流のパラダイムは、主体／客体、精神／身体、自然／文化、自然／人為、個人／社会などの二元論を特徴とするが、それが環境問題を含む様々な問題を引き起こしているともいえる。それを風土学という別のパラダイムで乗り越えようというのである。（なお、二元論とは異なるアジアの感性については、都市を事例に第2章でも見る。☞97、117ページ）。

言語論的風土学

ベルクの風土学はフランス語圏と日本語圏の両者を股にかけている。異なった二つの言語圏で学が並行して進むユニークな状況である。ベルクの本は先にフランス語で書かれ、後で日本語訳されたものが多いが、フランス語だけ、日本語だけで刊行された著書も多い。それぞれの言語のなかで、ベルクの風土学は育っていった。

この日仏での風土学の並行的進化は、この学をどう名付けるかを問う。日本語では、ベルクは「風土学」という語を用いるが、フランス語では、「フード学」のように風土という語をそのまま用いてはいない。「タタミ」や「キモノ」はそのままフランス語になっているので、そうしてもよかっただろうが、ベルクは「フード」をそのようにはしなかった。フランス語でベルクが風土学の訳語として用いるのは、「メゾロジー（mésologie）」である。このメゾロジーという語は一九世紀に提唱された語だが、その後、忘れ去られていた語で、ベルクは、それを復活させた（Berque 1986: 134）。「メゾ」とは、中間や途中を表すので、メゾロジーとは、「中間学」や「あいだ学」とも訳せるだろう。日本の読者はベルクの風土学を「風土学」として認識するが、フランスの読者はベルクの風土学を「中間学」や「あいだ学」として認識している。ここにベルク風土学の言語を横断するユニークさが現れている。

ベルクは様々な語を造語したり、これまでの文脈と異なる異化的な使用をしたりする。彼自身が「風土学字引」と称する〝用語集〟を作成しているほどで、そこには一二〇を超える造語と特有の語彙が収録されている（Berque 2018）。第3章で見るが、ハイデガーも造語や語の異化で著名である（☞127ページ）。言語とは、複雑で流動的で切れ目のない現実をシンボルとして定着させるメディアだが、組み合わせがほぼ無限であったとしても言語と現実は位相が異なり、言語で現実を完全に代替することはできない。ベルクも、ハイデガーも言語という不十分なメディアで複雑な現実をどう表現するかを模索している。ベルクの風土学が言語を問題にする学だという所以である。（言語と現実の関係については、第2、3章でもあらためて見る。☞87、165ページ）。

主体でもなく、客体でもない「通態」

ベルクの風土学の核となる概念が「通態」である（ベルク 一九八八）。和辻の風土学においては、風土とは完全に主観的なものでもなく、完全に客観的なものでもないことが強調された。それを和辻は「風土性」と表現したが、ベルクは、それを表現する語を新たに作った。それが「通態」で、「主体」と「客体」の区分を超越する状態を示す。「体」ではなく「態」という漢字が用いられているが、中間状態をあらわすのには、「体」よりも「態」の方がふさわしいからである。とはいえ、この「タイ」はシュタイとキャクタイを想像させ、ベルクの言語への繊細な感覚をうかがわせる。この語は、フランス語では「トラジェクシオン（trajection）」「トラジェクティフ（trajectif）」という。主体・主観（スジェ、sujet）と客体・客観（オブジェ、objet）の区分を超越（trans）するというニュアンスで、これも一種のかけ言葉になっている（Berque 1986: 147-153）。

図5は、この「通態」を図示したものである。aは、二元論的な見方であるが、そのような見方では、主体（主観）と客体（客観）は分離したものとして捉えられる。主体（主観）である「わたし」は「内」にあり、客体（客観）である様々な存在物は「外」にある。その二つの間には連絡はなく、両者は分離している。一方、bの「通態」的な見方では、主体（主観）と客体（客観）は、はっきりと分離できない。仮に、それを餅状のものとして考えると、一方の側に主体（主観）があり、一方の側に客体（客観）があるのだが、それは分離せずゆるやかにつながっている。つながっているのだから本当は一つであるのだが、しかし、それは、主体と客体という二つでもある。その

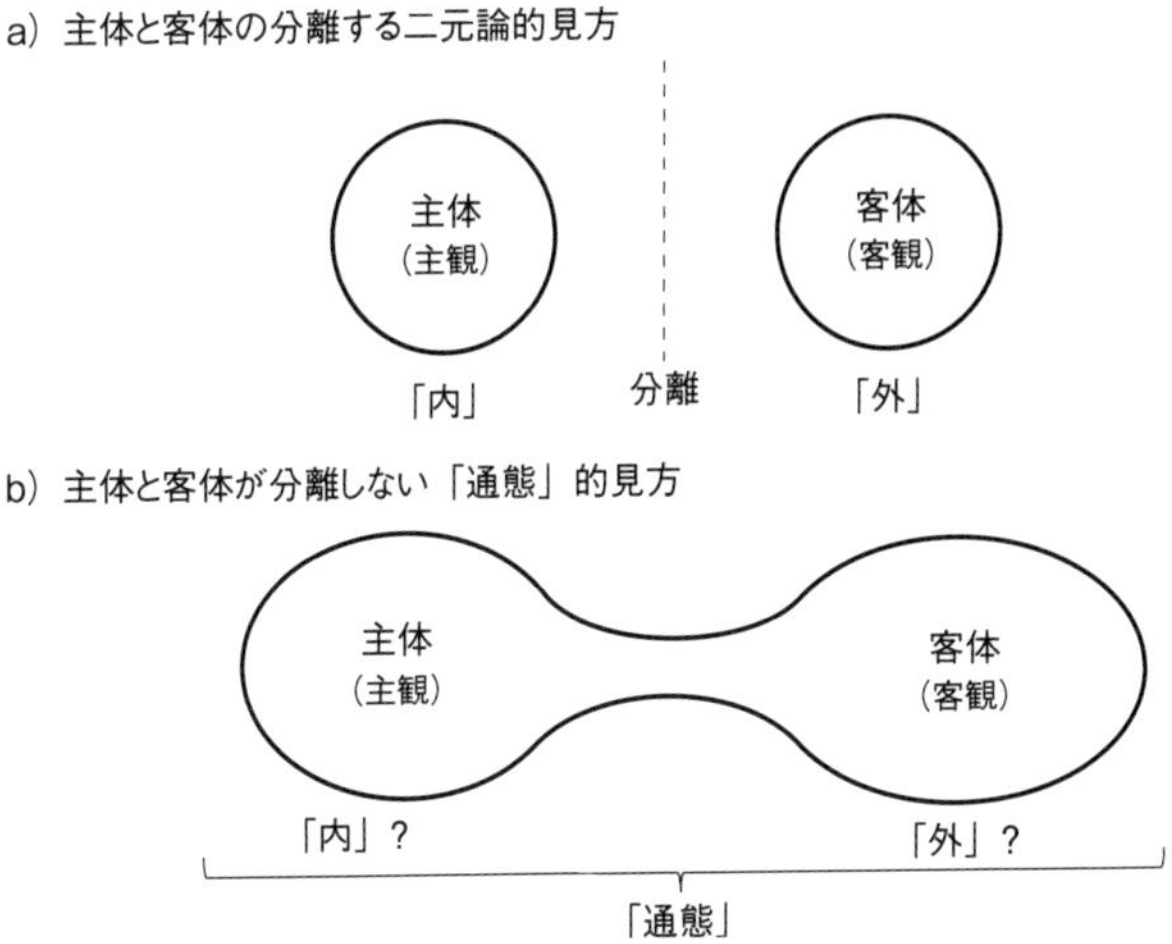

図5　二元論的見方と「通態」的見方

注）寺田匡宏作成

総体を称したのが「通態」である。主体は「内」にあるのでもなく、客体は「外」にあるのでもない。和辻の「外に出ている」を示した図4では、見ているもの（主体・主観）と見られているもの（客体・客観）がつながっていた。「通態」でも、主体（主観）と客体（客観）は分離せず、二つはつながっている。通態は、そのつながりの「あいだ」の領域を問題とするのである。

通態とは風土の基底にある原理だが、主体（主観）と客体（客観）だけを超越するのではなく、自然と文化、個と集団などの二分法をも超越するとベルクはいい、その事例を日本文化の様々な領域に見出す。たとえば、主語のあいまいな日本の言語、俳句に見られる季語や、歳時記など自然を文化的な解釈に取り入れる姿勢、自然現象を心理現象として用いる叙情表現、庭に見られる借景や見立てという自然の記号化、家屋の縁側や玄関などの中間的な領域、自然と人為の中間的な存在である里山などである。ベルクが通態という概念を初めて用いた『風土の日本』のフランス語原書のタイトルを直訳すると『野生と人為——自然の前の日本人』だが(Berque 1986)、そのタイトルは、この本が、日本人の自然への向き合い方を紹介することで、「野生と人為」、すなわち、西洋の近代パラダイムが前提とする「自然と文化」の二分法の再考を企図するのを示唆する。それは同時に、それ以外の様々な二分法の再考であり、乗り越えである。

「通態」の連鎖

ベルクは一九八〇年代に「通態」概念を提唱した後、西田幾多郎の述語の論理(場所の論理)や、プラトンや中村雄二郎やデリダのコーラ論などを援用しながら、さらに深めた。その集大成として、二〇〇〇年代初頭に、「通態の連鎖」が提唱される(Berque 2010; 2014)。

通態の連鎖は、人間の現実を主語と述語という言語のカテゴリーから定義しようとする。主語をS(サブジェクト、subject)、述語をP(プレディケイト、predicate)、現実をr(リアリティ、reality)とすると、現実とは、だれかによってある主語が、ある述語として解釈されたものなので、r=S/Pという等式で書ける。

この式のなかの「/」という記号は、「前にある主語が、後ろにある述語として解釈される」という意味である。たとえば、主語が「その水」で、述語がH_2Oだと、「その水はH_2Oとして解釈される」、つまり「水はH_2Oだ」という文になるが、述語が「冷たい」の場合は、「その水は冷たい」だし、述語が「聖水」なら、「その水は聖水だ」である。「ｒ＝その男／わたしの父」という式を持つ人のリアリティは、「彼はわたしの父である」だし、東京ディズニーランドのビジターにとってのリアリティは、「ｒ＝浦安の埋め立て地にあるコンクリートの建築物／シンデレラ城」である。つまり、リアリティ（ｒ）とは、ある主語がある述語として解釈されることで、主体のなかに生じる解釈体系のことである。

この現実は、連鎖的に次の現実を生み出す。ある人のなかに、ある現実が存在したとして、その現実の存在自体が、今度は、それを含んだ新たな現実を生む。たとえば、ディズニーランドはあこがれを生み出すので、先ほどの式は、「ｒ＝（（浦安の埋め立て地にあるコンクリートの建築物／シンデレラ城）／行きたい）／人気の観光地…」というリアリティを生み出すことになる。その意味で、人間にとっての現実とは、主語と述語の解釈（Ｓ／Ｐ）の連鎖として存在する。すなわち、等式は、r=（((S/P)/P')/P'')/P'''…という具合に無限に続く連鎖である（通態における無限については第３章でも見る。☞169ページ）。

ベルクは、この「通態の連鎖」は、フランスの哲学者ロラン・バルト（Roland Barthes）やアメリカの哲学者チャールズ・サンダース・パース（Charles S. Peirce）の「記号論的連鎖（semiotic chain）」と相同であるという（Berque 2017, ベルク 二〇一二）。ベルクは、明示はしていないが、アリストテレスが『解釈論』で展開した議論との相同も指摘できる（Cameron 2018: 55）。

ベルクは、通態の連鎖が、歴史という時間のなかで存在する意味を強調する。いかなる語も、前提無しに主語や述語として存在しえるのではない。そうではなく、それは現実がS/Pとして構成される長い鎖の歴史を必要とするのである（ベルク 二〇一七：四一〇）。歴史は、ある特定の風土のなかにおいて現実化する。それゆえ、人間の存在はそれに根拠付けられている。ベルクは、これを「地性（earthliness）」という。ベルクの風土学は、人間存在にとっての歴史性と地性の意味を強調する（ベルク 二〇一七、二〇二二）。これは、歴史における経路性や、経路依存性の問題でもあろう（この点については、第2章でも見る。☞102ページ）。

ベルク風土学と人新世

ベルクの風土学は、二〇世紀後半と二一世紀前半に発達した。それは、「大加速」後のことであり、人新世が開始されたとされる最初期にあたる。二〇一八年には、ベルクの風土学と人新世のかかわりを検討する論集も刊行された（Augendre, Llored, et Nussaume 2018）。そのタイトルは『風土学（メゾロジー）は人新世に代わるパラダイムたり得るか』で、人新世概念へのオルタナティブとして風土学への期待が高まっている。

人新世とのかかわりでいうと、ベルク風土学の中核概念の「通態の連鎖」は、主語と述語からなる人間の現実についての論理だが、それは、人間の認知のみならず、いきものやあるいはＡＩなどの非＝人間的な主体の環境認識の在り方を問うものであろう。いきものは言語を持たないが、個別認識をするいきものは、全体と個を区別しているはずであり、それは、主語という個別と、述語という普遍の問題と関係するからである（☞145、161ページ）。また、AIは、人間の認知をモデルにして構成されているが、それはまさに主語と述語を基軸にした論理学をベースにしている。今のところ、ベルク風土学の中心的な対象は人間にとっての風土である。だが、人新世とは、ひと、もの、いきものの関係が問われる時代である。いきものや、AIなどこれまで論じられてこなかった主体と環境の問題をどう考えるかは、人新世の風土学の課題である。（なお、ひと、もの、いきものの境界の問題は、ハイデガーのそれと関連して第3章でも検討する。☞136ページ）。

人新世の風土学に向かって

風土学は、古代中国発祥の語を用い、八世紀の『風土記』を祖とし、二〇世紀前半に、世界を実見した日本人哲学者がドイツの哲学者からの刺激を受けて発展させ、二〇世紀後半から二一世紀前半に、フランス人の地理学者・哲学者が、それを引きつぎ、日本語とフランス語で彫琢してきたユニークな学である。フッサールの開始した現象学は「現象学運動」と呼ばれることもあるが、この過程は、「風土学運動」と呼んでもよいだろう。

とはいうものの、風土学とは、それに収まらない可能性がある。和辻哲郎は『風土』の第五章で、「風土学史」を論じているが、彼はなんとそれを、約二〇〇〇年前の古代ギリシア・ローマのヘロドトス、トゥキデデス、ヒポクラテスから説く。そうして、和辻は、ヘルダー、カント、フィヒテ、ヘーゲルという一八世紀から一九世紀のドイツ観念論の哲学者たちを風土学の先駆者として批判的に検討する。和辻は、彼らを哲学という枠組みで批判するのではない。和辻は、彼らを「風土学」という枠組みで批判するのだ。

現在の様々な学問の区分は、欧米での大学の一般化に伴って一八五〇年頃にできたものである（van der Leeuw 2020: 41-44, 49, 100ff.）。和辻がここで批判している哲学者らは、この時点より以前に活躍していた。つまり、彼らは、現在の基準でいうと「哲学科」に所属する学者だが、当時、彼らが行っていたのはもっと広い知的活動だった。現代でいうと学際的研究とも呼べよう。和辻の「風土学史」は、それを視野に入れている。その含意は、風土学とは、現在通用している学問区分を超越する学だということであろう。

風土学という学は、ユニークな学である。人新世が提唱されている時代に、そのアクチュアリティはより高まっている。風土学は、それぞれの論者が過去の風土学を踏まえ、新たな視角を提示することで形成されてきた。人新世の風土学は、それらを踏まえて、新しい論者がまたアップデートすることで形成されていくはずだ。『風土記』が問題にした物語の問題や、いきものやＡＩなどひと以外の風土をどのように考えるかなど、和辻やベルクの風土学が論じていない事柄もあり、課題はたくさんある。次の風土学は、未来の論者に開かれている。

風景は光の粒の中に

ペーター・ハントケ『木の影たちの壁の前で、夜中に』

毎年、初夏になると、ドイツの書肆ズーアカンプのウェブサイトに、その年のハントケの新刊の告知が出る。書店にそれを注文しておくと、秋にそれが届く。そのあとの一冬をハントケさんとともに過ごす、というのがしばらくの習いだった。

ペーター・ハントケ（Peter Handke）は、オーストリア出身のドイツ語の作家。映画監督ヴィム・ヴェンダース（Wim Wenders）の一九七〇年代から八〇年代の盟友で「まわり道」「ベルリン・天使の詩《うた》」などの作品の脚本で記憶されているかもしれない。二〇一九年には、ノーベル文学賞も受賞している。

ある秋口に届いたのは『木の影たちの壁の前で、夜中に』と題された短文集だった。彼の書くものには、小説、〝私エッセー〟に近い小説、戯曲、詩などいくつかの系列があるが、これは、ジャーナルと呼ばれる風景と心象の記録だ。「辺境からのしるしときざし　二〇〇七年―二〇一五年」と副題がついている。

ハントケの魅力を語ることは難しい。ぼくが、彼をどうして読み続けているのかというと、彼のドイツ語の文とリズムが合ったからとしかいいようのないのだが、それでは、どんな魅力なのかは伝わらない。だが一ついえるのは、彼の書くことばと、描く風景が心を捉えるものであることだ。いってみれば、それは「ハントケ語」と「ハントケ景」だ。

——ヘルシンキ駅のガラスの天井に積もっていた雪。レバノン杉のざわめき。朝の満員バス〈そう、人類はまた一夜を生き延びたのだ!〉。ニコラ・プッサン。イブン・アラビー。ポプラの上で〈落ちる〉遊びをする鳥たちという「春の画」。今年初めてはだしで歩いた草の上にあった小さなヒナギク。〈そして〉、〈そして〉……

約四〇〇ページのこの本の三分の二くらいまで読むうちに、いつしか、季節は冬から春に移り変わってきていた。この本を読み終えた頃には、また、次のハントケさんの新刊の案内が届くだろう、そんなことを思いながら、この本を読み継いでいたことを思い出している。

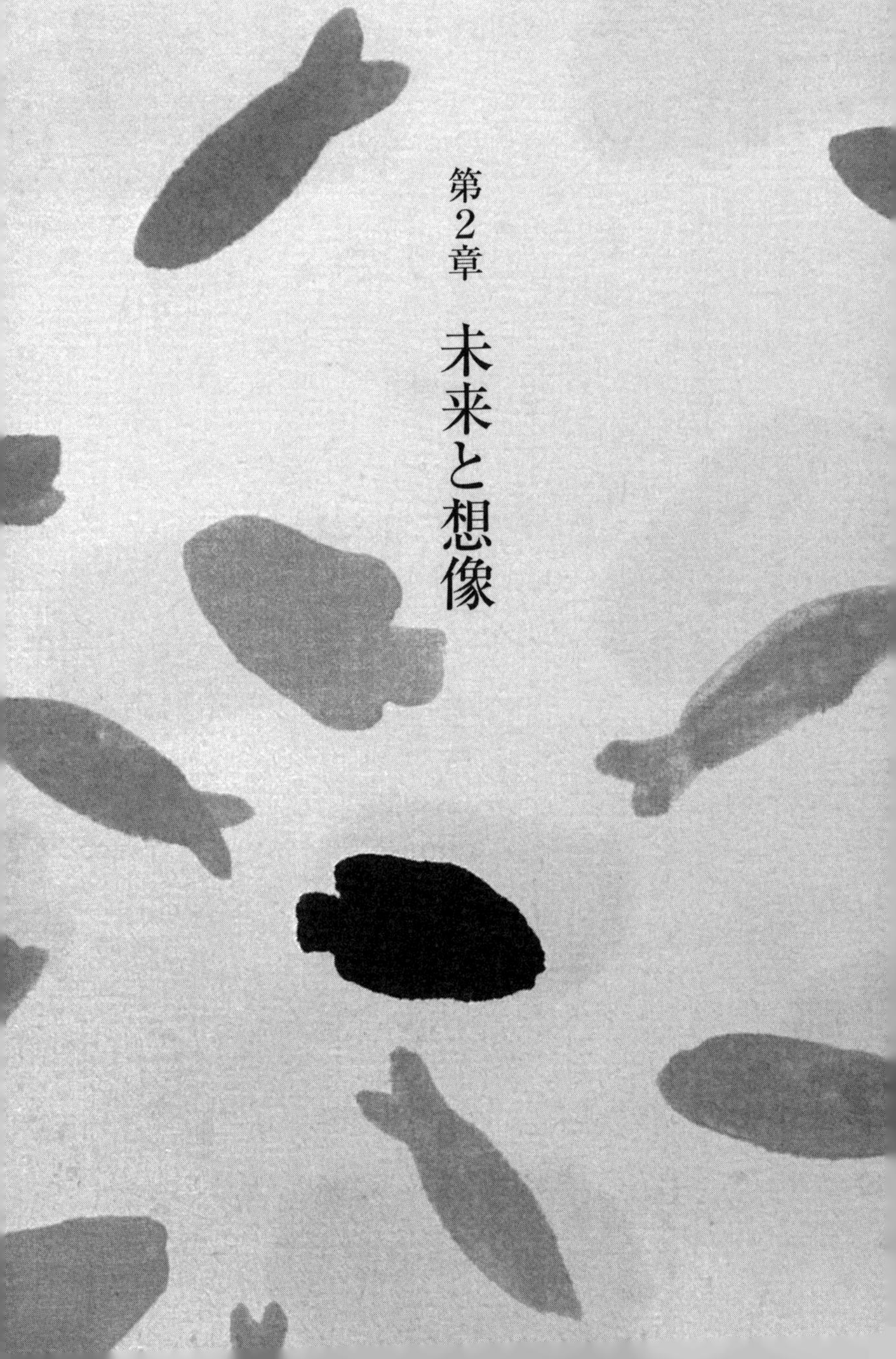

第2章 未来と想像

地球環境学は常に未来という問題とともにあった。環境問題が発見されたとき、それは、地球の未来への危惧と結び付いていた。持続可能性という語は、未来における人間の存続を問題にする。だが、未来とは、見えないものである。見えないものをどう見るのか、という問題を地球環境は投げかける。そのようなときに頼りになるのが想像力である。未来を想像し、そうしてその想像をどのように、現実につなげていくのか。これまでの諸学は、過去に関する様々な知識や語りを蓄積させてきたが、未来に関する語りについては避けてきたところがある。だが、地球環境学は、これまで空白だったその領域にアプローチしている。風土は、これまで、長い年月をかけて作り上げられた側面が強調されてきたが、未来に作り上げられる側面はあまり語られてこなかった。だが、ひと、もの、いきものの関係が大きく変わる人新世の未来に風土はどうなるのだろうか。第2章では、未来をどう語るかというテーマの本を通じて、この問いへのヒントをさぐろう。

システムとしての地球科学

安成哲三『地球気候学』

本書を開いてすぐに、老婆にも若い貴婦人にも見えるゲシュタルト心理学で用いられる絵が登場する。現象とは見る側の解釈によることを示したものだ。

『地球気候学』と銘打ったこの本の著者の安成は、地球研前所長であり、ＩＰＣＣ（気候変動に関する政府間パネル）科学リポートやフューチャー・アースなどの地球環境政策にも関与する国際共同プロジェクトに参加し、日本学術会議の委員をつとめた。本書は、斯分野の教科書であるが、ゲシュタルト心理学の絵からも推察できるように、学の在り方への省察も含んだ独自のスタンスを持つ。

本書は、気候システムとは、「人間の思考によって認知されているあるシステム」「モデルの集合体として認知されたある構築物」であるとする。われわれが属する後期近代は、再帰性（reflexivity）を特徴とするが（ベックほか 一九九七）、それはシステムがシステム自身をふりかえり、その省察自体をフィードバックしてシステムに再度組み込むメカニズムを持つことだ。本書は、それを強く意識させる。その意味で本書は、地球気候学の書であると同時に、「安成〈地球システム論〉」の書である。構成は、バランスがよく、周到、わかりやすく、スケールが大きい。四六億年前の地球の誕生から、五億年後の未来に予測される太陽の高熱化による地球上での生物の死滅までが、一望のもとに論じられる。

第一章「地球気候システムとは」では、エネルギー収支を中心に気候システムの考え方が紹介される。第二章「現在の気候はどう決まっているか」では、現実の地球の海洋や大陸の位置を踏まえ、大気の動き、海流、植生がどのような気候を生み出しているのかが、モンスーンに力点をおき、説かれる。第三章「地球気候システムの変動と変化」は、新生代第四紀という数百万年単位の比較的短期の過去で、種々の気候の揺らぎがどう生じたかを解明する。第四章「地球気候システムの進化」は、四六億年の地球史に迫る。プレートの動き、生命の誕生と氷河期と温暖期のかかわりなど、気候と生命の共進化が描かれる。第五章「人間活動と気候システム変化」は、人類が存在する時空間をあつかう。近年、人新世の呼称が提唱されている時期を含む完新世の一万年前後の時間における気候変動と人間関係のかかわりと、それを踏まえた一〇万年スケールの未来像が描かれる。

本書をめぐる論点の第一は、システムの捉え方である。気候というシステムは、地球システムという地球上に存在する最大のシステムの一つであり、実在性は疑いようもないように思われる。しかし、本書は、それが科学という集団的営為のなかで構築されてきた概念であり、その概念自体が、発展し変化していることを認識させる。すでに見たように（☞7ページ）、人新世という概念もその科学のネットワークが生み出したものだ。

概念とは世界の捉え方である。世界の捉え方の問題は、形而上学における新たな存在論の立場から再考が進んでいる。マルクス・ガブリエル（Markus Gabriel）は『世界はなぜ存在しないのか』で、世界は、概念により構築されたもので、そこにそのままあるものではないことを指摘する（Gabriel 2015:87-107）。カンタン・メイヤスー（Quentin Meillassourx）は『有限性の後で』で、宇宙の起源や地球の起源など科学によって明らかにされた過去像は、特定の時点で、特定のだれかによって発明された特定の概念であることを強調する（Meillassourx 2006: 24-30）。絶対的な世界も、絶対的な真理も存在しない。あるのは、ある時点に特異的なある考え方であり、その特定の時点の特異的な考え方が、ある時点に世界として定位されているのにすぎない。『人新世とは何か』で、科学論のクリストフ・ボヌイユ（Christophe Bonneuil）とジャン＝バプティスト・フレソズ（Jean-Baptiste Fressoz）は、地球システムと社会システムとの分離は、近代の科学の特徴であり、地球環境問題解決のために乗り越えるべき桎梏であるという（Bonnueil et Fressoz 2013: 41ff.）。安成は本書の末尾で「パラダイムシフト」の必要性を述べるが、システムの構築性の認識は、パラダイムシフトへの大きな一歩であろう。

論点の第二は、本書が、歴史の実験や経路性について考えさせることである。本書は地球環境システムとは、過去の種々の経路の規定によりでき上がったものであることを教える。過去にありえた多数の歴史のバリエーションを視野に入れることは、未来にも同じく多数のオルタナティブが存在する可能性を示唆する。

過去にあり得た経路を確かめることはできない。しかし、歴史を通じて「実験」できるという考え方が現れ、歴史家ジャレッド・ダイヤモンド（Jared Mason Diamond）の『歴史は実験できるか』（二〇一八）や、思想家・柄谷行人の『世界史の実験』（二〇一九）などが方法論を開拓している。この後のエントリーで見るように（☞99ページ）、歴史家の杉原薫は、グローバルヒストリーの立場から、歴史の経路性と未来のオルタナティブの問題を、アジア型の経済発展を中心に探求している（杉原 二〇二〇）。

これまでの学問は過去の探求が中心だった。しかし、近年、学問は、未来やオルタナティブへとその視座を移しつつある。過去の歴史的経路と未来の関係をどう考えるのか。その一つの視点を提供するのが本書のシステムへの視座である。

ミクロの線で書かれた水墨画のようなかそけき未来

朝吹真理子『TIMELESS』

未来はどんなすがたをしているのだろうか。未来も過去も相対的だ。子どもにとって数年後は遠い未来だが、その未来は、大人にとっては遠い未来どころかすでに過去かもしれない。だが、その遠い未来に見えた過去も、その次の子どもが生まれたときには、過去になり、その子どもには、その子どもにとっての新しい未来がまた生み出されることになる。

この小説は、そんな未来と過去の繰り返しのさまを微細に描き出した小説だ。繊細な、まるでミクロな線で描かれたようなかそけき未来。ただ、その未来は、細密に描かれるのではなく、水墨画のように余白のなかに点景として描かれる。

描かれるのは、血がつながっていたり血がつながっていなかったりする、異なる世代の人たちのありよう。血がつながっていたり血がつながっていなかったりする人々のつながりを指すのに適当な言葉は、今はない。それは、家族かもしれないが、家族ではなく、親子かもしれないが親子でもない。そんな関係性のなかを、時間が通り過ぎるとはどういうことかが書かれる。

うみ、アオという二人の登場人物が基本的なユニットといえばいえるかもしれない。うみが母親で、アオが息子。うみには、芽衣子さんという母と父がいる。芽衣子さんと父は一緒に暮らしていない。うみは、アミと「結婚」してアオを生んだが、アミとうみは愛し合って結婚したわけではなかった。「好き」だとか「恋愛」だとかいう感情がわからず、結婚すれば、そんな「好き」だとか「恋愛」といった問題からは免除されるような気がして結婚する。うみにとっては結婚とはそういう行為であり、してもしなくてもどっちでもいい植物のような「交配」の結果、アオが生まれる。アオが生まれた頃、うみはアミと別れる。その頃に、うみは、父が死んだ別の女の子――こよりという名の――を引き取り一緒に暮らすようになる。うみは一九八六年生まれ。アオは二〇一七年生まれ。

小説は二部構成になっていて、第一部は二〇一六年を、第二部は二〇三五年を描く。二〇一六年にうみは三〇才で、アオはまだ生まれていない。二〇三五年には、うみは四九才で、アオは一八才。この小説が書き始められたのは、二〇一六年だが、その二〇一六年から見ると、二〇三五年は一九年後ということになる。

うみが「わたし」で語る一人称語りの第一部で描かれるのは、二〇一六年頃の東京と二〇〇四年の東京だ。二〇〇四年にはうみは一八才。三〇才のうみが回想する都心の高校生の生態が描かれ、同時に、うみとアミの華やかな――六本木だか丸の内だかの東京の高級ホテルで行われたらしい――結婚式の前後のことが描かれる。一方、第二部の二〇三五年のパートで描かれるのは、アオの「ぼく」の一人称の語り。東京から奈良・吉野にあるうみの取引先のお茶舗と骨董屋への短い旅――その旅は〝妖かし〟への旅という雰囲気もあり、ちょっと泉鏡花や上田秋成のような感じもあるのだが――の様子が描かれ、そこに、「ぼく」が生きてきた一八年のことがないまぜになる。

「ぼく」の一人語りにはところどころに災厄の影が顔を出す。二〇二〇年の東京オリンピックの夏には、どうやら、東京の複数の箇所で連続テロが起きたようだ。東京から大阪に向かう夜行バスのなかでは、数年前起きた「あの大地震」で生じた大阪の大きな干潟が話題になっている。その車内では「わずか二分間でウィルスを除去する車内清浄装置」が稼働している。がんで死なない代わりに、「簡単な感染症で死ぬ」時代になったのだ。温暖化もどうやら進んでいるらしい。それだけではない。南海トラフを発生源として起こった「あの大地震」の前にも、別の大きな地震があり、奈良・吉野でアオが出会う人々はそのときに家を流されたらしいし、アオが見たことのないアミのそのまた父の父は広島で原子力（核）爆弾の閃光を浴びている。人と人とのつながりのなかに災厄という出来事がひそやかに喰い入っている。

だが、というか、だから、というか、描かれるその二〇三五年の奈良・吉野の姿は、「いま」と変わりがないようである。古い古民家で営まれるお茶と骨董の商い。古い階段、畳、猫、桜、五輪塔、仏壇、うぐいす、玄米茶。

初子《ういこ》さんが、熱湯緑茶といっしょに、うすべにいろの羊羹をだしてくる。これ、なんですか。知らない？　名古屋の銘菓、初かつを。いただきもの。名古屋においしいものはないけれどこれはおいしい。ほのかに甘いももいろの羊羹に刻まれた縞模様はたしかにさしみの厚切りのようにも見える。葛が柔らかいのに弾力があってくちびるにくっつく。桜の時期に初かつを。どんどん季節がはやまわしになる。いまは青森で茶葉がとれるから、むかしはいっても新潟県までだったのにね。

（朝吹　二〇一八：一七〇）

未来とは、変化の積み重ねのなかで起きることだ。だが、その変化には大きな変化もあれば、小さな変化もある。大きなことは大きく変わるが、小さなことは変わらないこととも見える。いや、変わったと見えて、変わっていないものもあり、それを変わったと見る視点もあれば、変わらないという視点もある。

未来は未知だから不安だ。だが、未来は未知であったとしても、その未知のなかには、どこかに必ず変わらないものがあり、その変わらない既知のものがある限り、そこは現在と地続きだ。未来にも、災厄は起きるだろう。だが、災厄が起きたとしても、変わらないものが必ずある。そして、なにより、人は、世代をつなぎながら生き続ける。世代をつなぐというなかに変わらないものがひそんでいる。そうして、世代を超えて生き続ける人という存在は、変わるものと、その変わるもののなかにある変わらないもののなかで、変わりつつある変わらない生を生き続けるのに違いない。

確かに、未来はわからない。だが、そこには必ず人がいて、人は無からは生じない。人は必ず人から生じる。つまり、未来に人がいるということは、そこには人と人とのつながりもあるということだ。人が時間のなかで生き続けるということとは、そういうことだろう。そう考えると、なんだか希望とはそこにあるのかもしれないように思えてくる。

〝生命式〟が奇妙でグロテスクというならば、スーパーマーケットの棚に牛肉や豚肉や鶏肉がずらりと並んでいる方がもっと奇妙でグロテスクだ

村田沙耶香『生命式』

小説の面白さの一つは、今この時点で、ありえそうでありえない世界や、現在はありえないけれども、未来にはありえそうな世界を描くことだ。もちろん、小説の世界とは、現実の世界ではない。仮にその小説がリアリズム小説であったとしても、そのなかに入ることはできないから、あらゆる小説は、ありえそうでありえない世界を描いている。

だが、リアリズム小説が、現在の世界のあり方を、そのまま映して描こうとするのに対して、現在の世界と似ているが、少し違う世界を描く小説がある。そのような小説では、現実と小説のなかの間に、微細な差異があることが、小説を読む楽しみを生む。もちろん、虚構と現実の間に差異が

あるのは、芸術や創造的行為一般にいえることである。それは、人間が言語を持ち、思考のなかの世界という、現実とは別の世界を持ったことで得た快楽の一つだ。（この言語の世界と現実の世界の問題は第3章でも改めて見る。☞159ページ）。

村田沙耶香は、小説の世界と現実の世界との間にある差異を意識的に作り出し、それによって、多くのことを考えさせる。彼女は、二〇一六年に『コンビニ人間』で芥川賞を受けたが、そこに見られるように、リアリズム的な立ち位置を装いながら、少しのひねりを加えることで、ありえそうでありえない世界を絶妙の形で作り出す。

雑誌『ダ・ヴィンチ』のこの作品をめぐるインタビューで、彼女は、この作品を書いたことで「自分のやりたいことはこれだったとわかった」と語っていた（村田 二〇一九b）。おそらく、小説家本人にとっても、「生命式」は会心の作だったのだろう。

生命の式

「生命式」とは何か。聞きなれない言葉だが、この小説のなかの世界では当たり前に用いられている言葉だ。この語が当たり前の世界を作り出したことで、村田は読者を新しい世界に連れ出す。

生命式の「式」とは、「空冷式」や「振り子式」「ねじ式」などの「式」、つまり、方式を示す「式」ではない。「卒業式」「入学式」「結婚式」などの「式」、つまり儀礼であり制度であるところの「式」である。

では、その儀式であるところの「生命式」とは何か。卒業式とは卒業のための式であり、結婚式とは結婚のための式である。とするならば、生命式は、生命のための式であることになる。

この小説は、「私」が、会社の会議室で同僚の女の子たちとお昼のお弁当を食べているシーンから始まる。そのとき、話されていたのは、少し前に定年退職し、最近亡くなった中尾さんのこと。同僚たちの会話のなかでは、彼の生命式に行くかどうかが話題になっている。

「池谷さんも行くでしょ？　生命式」
「あーうん、どうしようかなあ」
（村田　二〇一九a：一〇）

生命式とは、どうやら、お葬式の代わりに行われるような儀式らしい。定年後に亡くなった同じ会社の人のお葬式に行くことは、珍しいことでもないだろう。だが、その会話は次のような異様なやりとりに続いていく。

「中尾さん、美味しいかなあ」
「ちょっと固そうじゃない？　細いし、筋肉質だし」
「私、前に中尾さんくらいの体型の男の人たべたことあるけど、けっこうおいしかったよ。少し筋張ってるけど、舌触りはまろやかかっていうか」

「そっかあ。男の人のほうが、いい出汁がでるっていうしね」（村田二〇一九a：一〇）

この会話は何であろうか。ここで語られているのは、亡くなった人を食べるということなのだが、生命式とは、そのような式である。「私」の回想によれば、三〇年前はそうではなかったが、少子高齢化が進み、人類が滅びる可能性が高まった結果、人口増加が至上の命題になった。人口増加には、死と生をうまくつなげる必要がある。その結果、考案されたのが生命式である。生命のための式とは、生命に必要なことを行う式である。

生命に必要なこととは、生と死である。ただし、その生と死がきちんとつながらなければ生命は存在しない。生と死をつなげるために、生命式では、死者を共食することが行われ、「死んだ人間を食べながら受精相手を探し、相手を見つけたら二人で退場してどこかで受精を行う」（村田二〇一九：一二一―一二三）。そうすれば、死と生は円環し、仮に、一人の死者が生じたとしても、その一人の死者の生命式で複数の受精が行われたとしたならば、トータルで見れば、人口は増加する。

変容する世界への違和感

亡くなった人の体は、業者や親族により解体され、生命式で供される。人肉は癖が強いので、味噌仕立ての鍋にされることが多い。中尾さんの生命式も濃厚な赤みそ仕立ての鍋だった。中尾さんの肉は、奥さんの給仕によって、生命式に来た若い男女たちにふるまわれた。「私」は会社の喫煙所友達の男性の山本と、中尾さんの生命式に出た。とはいえ、「私」も山本も、どちらかというと「人肉は食べたくない派」だったので、白菜やその他の野菜をもっぱら食べ、だし汁を味わうことに専念していた。

三〇年前の世界を覚えている「私」からすると、人肉を喜んで食べる世界は違和感があった。あの頃の世界から見ると、いくら少子化から人類を救う手段であるとはいえ、人肉を喜んで食べている「私」たちは、狂っているとしか見えないだろう。

中尾さんの生命式の数日後、居酒屋に山本を誘った「私」は、そんな風に、彼に議論を吹っ掛ける。

「真面目な話さあ。世界ってだな。常識とか、本能とか、倫理とか、確固たるものみたいにみんな言うけどさ。実際には変容していくもんだと思うよ。お前が感じてるみたいにここ最近いきなりの話じゃなくてさ。ずっと昔から、変容しつづけてきたんだよ。（中略）俺はさー。今の世界、悪くないって思うよ。」

（村田 二〇一九a：二三―二五）

山本にこう諭され、「私」は、そんなものかと思いつつも、どこかで違和感を覚え、割り切れない思いを抱えていた。山本は、ばかだなあ、と笑いながら「私」の背中をその大きな手でトントンとたたき、「私」はなんだか安心感につつまれる。

死、あるいは自然との合一

山本が死んだという一報を、「私」が受けたのはその週末だった。事故だったという。人が死んだならば、生命式が行われなくてはならない。「私」は、山本の生命式の手伝いをするために、彼が住んでいたワンルーム・マンションに行く。そこには、彼の母親と妹がいて、解体された山本の肉の下ごしらえをしていた。凝り性だった彼は、自分が死んだときに備えて、自分の肉のレシピを残していた。彼の母も妹も、それを尊重し、せっせと下ごしらえをしていた。

山本は、「俺のカシューナッツ炒め」「俺の肉団子のみぞれ鍋」「俺の角煮」を望んでいた。「私」たちは、解体された山本の腕や下肢の骨から肉を外し、ミキサーにかけ、薄くそいで調理をし、生命式に間に合わせる。式が始まると、彼ゆかりの人々が集まり、彼を食べた。

> 山本を愛していた人たちが、山本を食べて、山本の命をエネルギーに、新しい命を作りに行く。「生命式」という式が初めて素晴らしく思えた。私は、夢中で、山本を食べたり、台所から追加の山本を持ってきたりと目まぐるしく動き回った。
> （村田二〇一九ａ：三九）

生命式に懐疑的だった「私」は、この山本の生命式に主体的に参加することで、高揚感を得て、生命式への抵抗感がなくなったのである。

宴が果て、「私」は、彼の家を辞す。とはいうものの、体がほてって、このまま家に帰るのが惜しい気がした「私」は、夜の海に行く。

この海のシーンが、この小説のラストシーンである。夜の海を一人見つめる「私」。その暗闇には、山本がたんぽぽの綿毛となって世界に拡散しているような気がしていた。「私」は、浜で、山本の妹がタッパーに入れてくれた「俺の角煮入りのおにぎり」をほおばりながらぼーっと海を眺める。本来ならば、そこで男女が受精行為を行うのが、生命式の後のまっとうな流れである。

確かに、「私」は浜辺で出会った若い男と、そのまま受精行為を行いそうにはなったが、その男はゲイだったので、直接的な受精行為には至らなかった。代わりに、彼は小瓶に入った液体を「私」に渡す。それを持って海に入った「私」は、膝まで海に浸かり、彼との間接的な受精行為をする。

ふと、あたりを見ると、海には受精行為をする無数の人影が海藻のように揺らめいているのが見えた。そのなかで、海に半身を浸しながら、「私」は、生まれて初めて、変わり続ける世界のなかの変わらぬものに参加した気持ちがして、目を閉じて立ち尽くしていた。

この最後のシーンは、日本近代文学をジェンダーの視点から逆転させたシーンであるだろう。社会や人間関係の葛藤からの解放が自然との合一により果たされるというモチーフといえば、志賀直哉の『暗夜行路』（一九二一、一九三七）のラストシーンが代表的である。それは、主人公時任謙作が大山に登り、夜明けを迎えるというシーンだが、自然との合一が、屹立する山という男性的なシンボルで表現されていた。

山が自然の象徴として描かれるのは、近代ドイツのロマン主義のカスパー・ダヴィド・フリードリヒ（Casper David Friedrich）の「雲海上の旅人」の絵画でも同様である。そこには、男性中心主義的な視点がある。（この絵画については、第3章でも触れる。☞129、172ページ）。

しかし、この村田の小説のラストシーンでは、海という女性を象徴するものとの合一により、生命という永遠と「私」が一体化することが暗示され、主人公の問題の解決が図られる。ジェンダー視点が変わることによって、自然の表現そのものが変わるのである。

性とは何か、異常とは何か

この小説が語り掛けるものは何だろうか。一つは、生と死の問題、そうして性が生と死と関係するという問題である。いきものの生の始まりを、出生とし、終わりを死とするならば、中間に存在するのが性の問題である。性を通じて、いきものは、個体としては死滅するが、種としては永続するという変則的な持続性を獲得する。この小説のなかでは、性に対するアンビバレンツな感情が描かれている。「私」は、生命式での人肉食を躊躇し、式後にあたかも自然であるかのように行われる受精行為にも懐疑的な心性を持つ。それは、性へのためらいの心性でもあろう。ラストシーンの「受精行為」も、直接的行為ではなく、間接的行為である。

そのような態度は、人口減少による人類の危機が迫っているときには、喫緊の課題からの逃走といえるかもしれないし、「まっとうな」性の在り方を前提とした社会から見ると偏向していると見えるかもしれない。しかし、性は生物界において多様であり、性を持たない生物も多い。生命が永続性を獲得するには、多様性が必要で、その多様性の確保には、減数分裂が有効に機能する。性とは、この減数分裂から生じる現象だ。減数分裂により半減した染色体は、配偶子の結合によって元の数に戻る。その際に、異性を必要としない生物も存在する。リン・マーギュリスのいうように、世代間の生命の継承に、性を必要としない生物はごく普通だ（Margulis and Sagan 1986）。性は、必ずしも、異性を必要とするわけではない。生命の持続性には、多様な在り方がある。人間が行っている、男女による受精行為という性は、必ずしも絶対的なものではなく、ある変容のなかの断面である。（再生産と持続可能性についてはこの後のエントリーでも見る。☞93ページ）。

もう一つは、異常と正常の問題である。子どもの頃には、「人肉を食べない社会」だったが、わずか三〇年で「人肉を食べる社会」になったという激変を経験したことで、「私」は、生命式のある「現在」の社会になじめない。「私」の違和感とは、小説を読んでいる読者の違和感であろう。小説の外部にいて、小説のなかを覗き込んでいる読者にとっては、生命式のある世界はあまりに異様に見える。そこでは、人間の死者の身体の肉が、まるで牛肉や豚肉や鶏肉のように、調理されているのだ。

しかし、果たして、その「生命式がある世界」を覗き込んでいる読者の世界は、それほど正常なのだろうか。確かに、生命式のない「この」世界では、人肉は食べない。けれど、人肉を食べないというこの世界だって、十分に異常ではないのだろうか。スーパーマーケットに行けば、そこには、牛肉や、豚肉や、鶏肉が、きれいに切り分けられ、映えるように照明を当てられ、ずらりと並んでいる。消費されない肉は当たり前のようにどんどん捨てられる。それは、もっと異様で、奇妙でグロテスクではないのだろうか。生命を食べて生命を維持しているものたちとはいったい何か。その「正常」な姿とは何か。この小説は、それを考えさせる。

海底のクオリアと持続可能性／イノベーション

高橋そよ『沖縄・素潜り漁師の社会誌』

ある分野を知悉した人がその分野のなかでふるまうふるまい方は、その分野以外の人から見ると驚異的に見える。音楽家が楽器を奏でる姿は、楽器を奏でない人にとっては驚き以外の何物でもないし、スポーツ選手の身体技能は、そのスポーツをしない人にとっては謎めいて見える。そのような専門家のふるまいのカギは、身体と外界との関係、その人のなかに埋め込まれた経験による外界の感知の仕方にある。それを支えるのが、外界の質であり、それはクオリアと呼ばれる。クオリアとは、外界のあらゆるデータ、微細でありかつ膨大な情報の集積だ。

自然のなかで生き、自然のなかから資源を引き出す人のわざも、そのようなクオリアに支えられた身体技法の一つである。高橋そよ『沖縄・素潜り漁師の社会誌』は、それを沖縄・宮古諸島に位置する伊良部島の素潜り漁師の世界を通じて描き出した書である。人類学研究者の高橋は、伊良部島に十数年通い、素潜り漁師に弟子入りして、漁師たちが海のなかで行っていることは何かを明らかにした。

クオリア的認知

沖縄の海は、サンゴ礁に囲まれており、複雑な海底地形と潮の流れを持つ。そのような複雑な海底地形には、その場所に即した生物が生息し、漁をするためには、海底の地形、風の流れ、潮の流れ、魚の生態や習性を知悉していることが必要となる。

海底の地形は比較的不変な要素ではあるが、潮の動きは地球と月の関係という宇宙の変数であり、風の流れは地球上の大気のグローバルな変動とも関係する惑星の変数である。素潜り漁師はそのような宇宙と地球システムのなかにある海という環境のなかに身をおき、自らの身体を通じてクオリアのデータを蓄積し、そのデータを用いて魚介を捕獲する。魚介も魚介としてのクオリアにもとづいて行動しているわけだから、素潜り漁とは二つのクオリア認知の出会いでもあるだろう。これは第3章でも見るが、環境におけるアクター間のカップリングである（☞167ページ）。

高橋は、自らの海底での経験と、素潜り漁師たちの海底でのふるまいの観察、さらには、彼らにメンタルマップを書いてもらうことで、彼らの精神のなかに、どのように海底のクオリアが再現されているかを描き出す。

確かに、素潜り漁師のクオリアの認知は驚異的である。一般に人にとっては、わかりもしない海底の微細な機微を彼らはしっかりと覚えているし、魚の生態の微細な違いは魚の方言名となって表現される。そのことに驚嘆させられると同時に、それは人間に普遍的なものであることにも気付かされる。言語と現実の関係や名前の意味については、第1章ですでに検討したが（☞44、60ページ）、風であり、場所であり、動物であり、植物であり、様々な自然物に名前がついているのは、まさに、人間のクオリア認知の集積ではないのか。

人間は、環境のクオリアを認知し、それとともに生きてきた。いま、デジタル社会において、デジタル・ネイティブの世代は、デジタルの空間のなかを自由に動き回っているように見える。とするなら、彼らももしかしたら、そのデジタル空間のなかにあるクオリアを感知しているのかもしれない。素潜り漁師のクオリアと、ネット社会で生きる若者がネットのなかを自由に泳ぎ回るクオリアはもしかしたら同じかもしれない。本書の微細な海底のクオリアの記述は、そんなことを考えさせる。

持続可能性とイノベーション

もう一つ、この本が考えさせるのは、持続可能性とイノベーションの問題だ。高橋は素潜り漁師たちへの詳細な聞き取りから、彼らがどのように獲れた魚を販売しているかを明らかにする。資源が資源であるためには、それを使用価値に変換する必要があり、そのためには、魚を販売する必要がある。

漁師たちが港に帰ってから行う行為に目を凝らした高橋は、そこに、仲買という独特のシステムがあることで、リスクヘッジと過度な競争が避けられていることを見出す。素潜り漁師たちは、セリという形で獲れた魚を貨幣には変換していない。彼らが採用しているのは、仲買方式である。特定の仲買人と継続的な関係を持ち、その仲買に獲ってきた魚をすべて委ねる。

セリではなく仲買という方式をとることで、全量が買い取られることが保証されている代わりに、価格の決定権は仲買にある。もちろん、仲買は買いたたくことはしないが、しかし、漁師が値を吊り上げることもできない。特定の仲買と漁師の結びつきは、不漁の際でもある程度の値段で魚を貨幣に変えることを可能にする。あるいは、漁師と仲買の関係は、資金不足の際の前借りなどを可能にしたりもする。

しかし、一方でそのような取引形態は、セリと違って魚の貨幣価値への変換の上限を一定程度に抑えることになってしまい、高額な収入は見込めない。素潜り漁は、身体に依存した漁法なので、魚をその身体の限界以上に獲ることはできないので、魚という資源の持続可能性に貢献している。そして、仲買を通じた販売という縛りがあることで、より多くの漁獲量を目指すというインセンティブが抑えられることで、さらに、それは魚という資源の持続可能性を担保する。

だが、高橋がいうように、そのような関係は「人びとのある程度の行動抑制と努力の上に成り立っている」（高橋 二〇一八：二三三）。お互いがお互いを縛っているという側面もあるだろうし、

「出る杭を打つ」という側面もあるかもしれない。続けて高橋は、それを「島という限られた社会空間で生きる人々の社会的衝突を避けるための」方法であるともいう。かつて、伊谷純一郎は狩猟採集民の間に分配をめぐる「平等原則」を見出し、ルソーの「人間不平等起源論」に対抗して「人間平等起源論」を提唱した（伊谷　一九八六＝二〇〇八）。そのような原則は、おそらく更新世にさかのぼるであろうが、ここに見られるのもそのような人類の歴史とともにあった原則であろう。

だが、一方で、それとは異なった原則が現代を支配している。先ほどの比喩でいうと、出る杭を求める原則であるが、出る杭とはイノベーションである。島という限られた社会空間の外に目を移すと、そこではイノベーションが求められる社会が広がっている。そこでいうイノベーションとは、漁業の場合、より多くの漁獲を意味するだろうし、より高額な単価での取引を意味するでもあろう。島の外と内との間には、ジレンマがある。

そのジレンマは、現在、地球上における持続可能性をめぐるジレンマでもある。イノベーションがなければ、成長はないが、成長があれば、持続可能性は脅かされる。それを両立する方法はあるのか。これは高橋に聞いてみたいことの一つである。（なお、イノベーションについてはこの後のエントリーでも考察する。☞110ページ）。

複雑性、芸術、持続可能性

沖縄県立芸術大学『地域芸能と歩む　二〇二〇—二〇二一』

沖縄から届いた冊子

あざやかな民族衣装の女性。頭には赤や金色に彩られた冠を付け、黄色地に赤や緑や青で描かれた植物や雲や鳥が染め抜かれた打掛を身にまとっている。紫の半襟と同色の元結。女性が立つのは、集落の路地のようなところ。コンクリートのブロック塀が見え、その奥には、分厚い緑の葉の常緑樹が両側に色濃く茂っているのが見える。雨上がりらしい。水たまりに樹影が写り、きらきら光る路面もあたりの緑を反射している——。

これは、沖縄から届いた瀟洒な冊子の表紙である（図6）。写真は、沖縄名護市の屋部集落で撮影された写真で、被写体となったのはその伝統行事の「屋部踊り」の踊り手。衣装はそこで踊られる琉球舞踊のための衣装、冠は集落に伝わる伝統的なデザインだ。

この冊子は、向井大策と呉屋淳子を中心とする沖縄県立芸術大学のグループによって取り組まれているプロジェクトの冊子である。表紙に波のようなロゴと「地域芸能と歩む」という文言があるが、それがプロジェクトのテーマ。この冊子は、そのプロジェクトの二〇二〇年度の一年間をまとめた冊子である。凝った作りの冊子で、中綴じの本文ページは、太いゴムひもでくるむように綴じられ、全体はA４判なのだが、表紙と裏表紙の紙だけは正方形の変型判、さらに、本文のなかにもB６判のページが別冊のようにして綴りこまれている。冒頭の八ページと末尾の八ページはグラビア写真のページでコート紙を使用。それ以外の本文はざらりとした手触りの紙。隅々まで行き届いたデザインが、読む喜びをかき立ててくれる。

図６　『地域芸能と歩む 2020-2021』表紙

注）写真：志鎌康平、デザイン：大西隆介（direction Q）
「今を生きる人々と育む地域芸能の未来」事業の許可を得て掲載

変容を受け入れる

冊子のなかで語られるのは、沖縄の各地で伝えられている伝統芸能の現在と未来。沖縄は、豊かな地域芸能があるため、芸能の島と呼ばれるが、それは、多くの島嶼からなる沖縄のことであると同時に、シマとは集落のことでもあるので、集落の持つ芸能の豊かさをあらわすものでもある。そのような芸能が持続可能であるためにはどうすればよいのか、保存ではなく生きたものとして人々がかかわるためにはどうすればよいのかを考えようとするのがこのプロジェクトだ。

プロジェクトのメンバーは、沖縄にある様々な島のシマを尋ねるとともに、島の外の専門家との対話を通じてその可能性を探ろうとする。沖縄の伝統芸能とそれ以外の地域の伝統芸能をつなぐ試みを行い、伝統芸能を学ぶ若い世代（高校のクラブ活動である郷土芸能部）の生徒たちに思いを語ってもらう。アーカイブ音源としてだけ残され、地域では長く忘却されていた歌を復活させ、その歌で歌われた土地を訪ね歩く。ポピュラーカルチャーの最先端で活躍するアーティストにインタビューをする。そこにあるのは、芸能というものが持つ価値への信頼と、その価値が地域の深いところと結び付いているはずだという確信、そして、変容を恐れるのではなく、変容を受け入れ、それを持続可能性へのテコとしていこうとする柔軟性だ。

芸術と質（クオリティ）、複雑性

芸術とは複雑性の増大である。人間は自然のシステムのなかにある複雑性を、資源として利用することで一元化し、低減させる。人間の活動は、一般的には、エントロピー（混沌性、複雑性）を低減させる方向に向かう。社会は秩序化されなくてはならないし、人間と接する部分の自然は管理されなくてはならない。だが、一方で、人間は、芸能や祭りを必要とする。芸能や祭りとは、多くの場合、非日常であり、その非日常において、蕩尽が行われ、オルギーが出現する。そこでは秩序が崩壊するという意味で、エントロピーが増大している。自然の法則では、エントロピーは増大するわけであるから、人間が、日常のその活動を通じて一時的にそれを反転させていることは、どこかで埋め合わせられなくてはならないのだろう。伝統社会において、祭りや芸能が、一年のサイクルのなかに組み込まれてきた意味とは、複雑性の増減プロセスにおいての意味がある。

一方、この芸術による複雑性の増大は、持続可能性の時代により重要な意味を持っている。それは、芸術による複雑性の増大は、質の問題を伴うということだ。一つ前のエントリーでクオリアについて見たが（☞86ページ）、クオリアとは質（クオリティ）のことでもある。持続可能性研究においては、量的な増大から質的な増大への転換を図ることが課題となっている。これまでの成長とは、量的な成長であった。だが、その成長は、資源の収奪を引き起こし、地球の限界が見え始めている。そのようななかで、成長概念そのものを見直すことが求められ、量的成長ではなく、質的成長が求められてきている（Capra and Luisi 2014: Chap. 17）。アジアの経済成長における「質」の問題とも関係しよう（☞105ページ）。

もちろん、成長そのものを否定してしまう道もあろう。しかし、人間は、成長を求めるものである。いや、生物とは成長することを本質とする。先のエントリーで生と死と性について見たが（☞84ページ）、個体としての生物の場合は、それが、死につながることで生の過程は円環するサークルとなっており、量的成長が無限に続くことはない。だが、人間社会の場合は、社会が死滅することは望ましくはないため、もし、人間社会が死滅することなく成長を続けようとするならば、成長概念を量から質へ転換することが必要である。

そのときのカギの一つが、芸術である。芸術とは、複雑性の増大であり、質的成長そのものである。芸術において、エネルギーは芸術行為や作品に注ぎ込まれるが、それは量的成長ではなくして、質的成長である。芸術的行為は複雑性に支えられている。芸術の神は細部に宿るといわれることがあるが、細部が洗練されればされるほど、その過程は複雑になる。もちろん、それは目に見える複雑性であることもあれば、目に見えない複雑性であることもあるだろう。意志の集中力という意味での複雑性として細部が支えられることもあるはずだ。その意味で、質の問題とは、複雑性の問題である。

社会の一部に芸術が存在することは、そのような質的複雑性の回路をシステムが持つことであろう。沖縄のシマに芸能が根付いていることは、シマが複雑性への途を保持していることであるといえる。このプロジェクトは、地域芸能の持続性を問題にしている。だが、それが問題にしているのはじつは、地域芸能の問題だけではない。それは、複雑性への回路である芸術を問題にしていることで、地球の持続可能性を問題にしている。

ソーラーパンクはアジアで可能か

クリストフ・ルプレヒトほか編『マルチ・スピーシーズ都市』

サイバーパンクとソーラーパンク

スコーンと突き抜けるような青空に赤や緑や黄色の原色の羽根をまとったインコが二匹飛んでい

る。その下には、緑に覆われた小さな川の流れる街並みが広がる。手前には、ゴシックの教会を思わせる高層ビルの高み。クライスラー・ビルの尖塔部分に取り付けられた有名な鷲の装飾を思わせるガーゴイルの上に座ったドレッドヘアの褐色の肌の若い女性がスケッチブックを広げて、空を見上げている。彼女は、インコと会話しているようだ。向こうの空には、タービンのような羽根がついたバルーンがふわふわと浮かんでいる。なんとも、楽し気な風景である。

図７　『マルチスピーシーズ都市』表紙

注）装画：Rita Fei
World Weaver Press の許可を得て掲載

　これは、『マルチ・スピーシーズ都市――ソーラーパンクの未来図』と題された、小説集の表紙である(Rupprecht et al. 2021, 図７)。アジア太平洋地域を舞台にしたソーラーパンクの短編を集めたものだ。アメリカ、ドイツなど欧米の作家とともに、インド、シンガポール、ベトナムなどの作家の作品が収められている。日本からは藤井太陽と、たなかなつみが参加している。編者には、環境学研究者のクリストフ・ルプレヒトと田村典江らが名を連ねる。

　ソーラーパンクとはＳＦの一種で、サイバーパンクのオルタナティブとしてあらわれたジャンルだ。サイバーパンクとは、電脳により支配された社会のアンダーグラウンドで生きる人間を描くダークなテイストのSF小説のこと。映画「マトリックス」に影響を与えた『ニューロマンサー』（一九八四）のウィリアム・ギブソン（William Gibson）や、映画「ブレードランナー」の原作になった『アンドロイドは電気羊の夢を見るか』（一九六八）のフィリップ・K・ディック（Philip K. Dick）などが有名だ。その世界は暗く、ディストピアと呼ばれる。サイバーパンクは、必ずしも未来像というわけではなく、ありうべき一つの世界を描いているだけだが、それでも、ディストピアはあまり好ましくない。ありうべき持続可能な世界はないのか、という希求のなかから生まれたのがソーラーパンクだ。ソーラーとは太陽であり、持続可能な未来の象徴でもある。

本書には、アジア太平洋地域を舞台にして書かれた二四のソーラーパンクの短編が収録されている。いきものの世界や自然のなかに、先端技術が入り込む状況が書かれている作品が多いが、先端技術はなくとも、不思議な行き合わせで不思議な状況が出現しているものも多い。ハワイの海のウミガメ、ベトナムやシベリアの森のトラ、オーストラリアのディンゴ、コアラ、ワラビー、都会に生きる野良猫や野良犬、ネズミ、よみがえったマンモス、深海に住むクジラ、巨大なタコ……。人間がそれらのいきものと会話し、いきものの世界に融合することがごくふつうの世界が描かれる。土着の宗教である仏教やアニミズムを背景にした作品もある。アジア風の名前の登場人物が多いのも興味深い。SFというと、欧米が中心になるが、それを反転させるようでもある。

アジアの都市と「パンク」

本書の基調は、アジア太平洋の豊かな自然のなかに先端技術という人為が埋め込まれるというモチーフだが、本書の構想時点では、逆に、人為のなかに自然を埋め込むというモチーフが中心であったようだ。しかし、実際に本になると、それが逆になっていることは興味深い。本書のタイトルには「都市」がうたわれており、冒頭の編者解説を読むと、作家たちに作品を委嘱したときには、都市を舞台にした近未来小説集が念頭にあったようである。ソーラーパンクは、都市という人為に自然を導入し、都市を持続可能なものとすることで、ディストピア的未来からのオルタナティブを目指す。つまり、人為を自然によって制御するという戦略である（人為と自然については第3章でも検討する。☞146ページ）。だが、実際に刊行された本書を見ると、都市を扱った作品もあることはあるのだが、少数派である。固有名詞として登場する都市は、トーキョーと、シンガポール、上海くらい。アジアのメガシティである、ジャカルタも、バンコクも、ホーチミンも、デリーも登場しない。その代りに描かれるのは、アジア太平洋の豊かな自然である。

本書においては、アジアの都市を舞台にしたソーラーパンクの創出はやや不発に終わっているように見える。その理由は、もしかしたら、この地域では、都市とはサイバーパンクやソーラーパンクを生み出すような文化的背景を持たないからかもしれない。メガシティは地球上では、アジア、とりわけ、インドと中国に集中しているが、そのメガシティは、「パンク」というような文化を生む都市ではないともいえる。

「パンク」は地下運動だが、アジアの都市は「パンク」を生むのか。パリやロンドン、ニューヨークは地下水道や地下鉄が発達していて、地下鉄の歴史は一〇〇年、地下水道になるとおそらくもっと古くにさかのぼるだろう。一方、アジアの都市の地下の歴史はもっと短い。おそらくアジアの地下鉄の歴史で最も古いのは、日本のそれで一〇〇年くらいだろうが、中国やインドのそれは五〇年くらいのはずだ。提喩的に考えれば、都市の地下利用が発達していなければ、都市の地下文化もおのずと違ったものとなろう。本書が、ソーラーパンクをアジア太平洋で展開させようとしたことは興味深い試みではあるが、それは、欧米の文化をアジア太平洋地域にそのまま適用しようとする試みであるともいえる。

文化といえば、そもそもサイバーパンクの世界観である、電脳が人間を一元的に支配するというディストピア像自体が、キリスト教的一神教の全知全能の神が人間を上空から見ているという世界観を背景に持つ。そのような世界観がない地域であるアジア太平洋においては、サイバーパンクの描くディストピア的世界にリアリティを感じる感性が西洋とは異なるという問題もあろう。この点については、「環境決定論」を題材にすでに論じたところだ（☞54ページ）。次のエントリーでも論じる（☞104ページ）。

文化交流とは、様々な文化的要素の混交であり、ある文化的要素を別の文化に持ち込むことは、重要な行為だ。本書がソーラーパンクという概念をアジア太平洋で展開しようとしたことは、この地域の文化を踏まえ、自然と人為の新たなオルタナティブを提示する第一歩である。今後、それが成熟していったとき、それが、果たしてソーラーパンクと呼ばれ続けるのが妥当かどうかは、まだわからない。アジア独自の都市の感性については、引き続きこの後のエントリーでも瞥見するが（☞117ページ）、本書をきっかけに生み出されるであろうアジアの欧米とは異なったあり方を踏まえた自然と文化の未来像には期待したい。

未来のオルタナティブとしての複数経路

杉原薫『世界史のなかの東アジアの奇跡』

著者の杉原薫はイギリスのロンドン大学で長く教鞭をとり、日本に帰国後は大阪大学や京都大学東南アジア研究所、政策研究大学院大学などで、経済史とグローバルヒストリーを講じ、総合地球環境学研究所のプログラム・ディレクターも務めた。本書ではそのような著者が、歴史をベースとしつつ、現代の問題に鋭くコミットし、未来へのオルタナティブを提示する。今後の持続可能なグローバルな経済発展を考える際の基本となる本である。

東アジア型の経路の意味

七〇〇ページを超える浩瀚な本だが、しっかりとした芯が通り、一気に読ませる。その芯とは、東アジアの経済成長の独自性と世界史的な役割を提示することである。これまでの歴史学や経済史学では、経済成長は、一八世紀のイギリスに発する産業革命が、一九世紀から二〇世紀にアメリカへ伝搬し、直線に世界史をおおう過程として描かれてきた。

それは、資本と資源を集中的に使用する成長で、その帰結が、本書がいう「化石資源世界経済」である。しかし、じつは成長には、それとは違う成長があった。アジア型の「労働集約型、資本・資源節約型」成長が、「資本集約型、資源集約型」の西洋型成長の陰で、脈々と存在した。

近現代の世界の経済成長に、アジア型成長が果たした役割は大きい。現在の世界は、一九世紀後半や二〇世紀前半から見ると、グローバルな経済的不平等は大幅に減っている。それは、大量の人口を抱えるアジアで、「労働集約型、資本・資源節約型」成長が広く行き渡った果実である。アジアでの独自の成長があったからこそ、グローバルな経済水準・生活水準の平準化が可能になった。現在、アフリカやアジアで成長から取り残されている地域が成長し、地球のあらゆる社会が持続可能な経済成長を達成するためにも、東アジアの経験は、きちんと評価され、継承されなくてはならない。これが、本書を貫く主張である。

東アジアの奇跡から見る世界史

本書は、三つの編で構成されている。第Ⅰ編「東アジア型経済発展径路の成立と展開」では、近世（一六世紀から一九世紀なかば。日本でいうと江戸時代）の東アジアとヨーロッパの成長に関する比較史的な研究が行われる。この時期に関しては、ケネス・ポメランツ（Kenneth Pomeranz）が『大分岐』（二〇一五、原著は二〇〇〇）でヨーロッパの成長の独自性を強調して以来、論争が続いている。一八世紀までは、ヨーロッパとアジアには大きな経済的差異は存在しなかったが、一九世紀以後、その差がぐんと開いたというのが彼の主張であり、その原因は、イギリスを発祥とする産業革命にあるとする。そのような歴史像に関して、その西洋中心主義批判を含め、国際的な論争がおこったが、杉原は当事者の一人として、アジアの「労働集約型」経路の立場から論陣を張ってきた。それらの諸論考が収められている。

第Ⅱ編「近代世界システム像の再構築」には、近世が終わり、近代が開始し、現代（第二次世界大戦後）に至るまでの、一九世紀後半から二〇世紀前半を扱った論考が収められている。移民・移動、統計、通貨などに関する徹底的なデータの蒐集と独自の表や図による分析から浮かび上がってくるのは、アジアのなかに存在した様々な紐帯やネットワークが、ウェスタン・インパクト（西洋の衝撃）と融合し、新たに再編されていったという歴史像だ。アジアの側は、一方的な受け身として西洋近代に対峙したのではなく、アジアはアジアなりに、既存の歴史的遺産を踏まえて、独自の創造行為でもって対処したというのがここでの眼目である。

第Ⅲ編「戦後世界システムと東アジアの奇跡」では、世界の経済的不平等を大きく平準化するほどの成長をもたらした東アジアの経済成長が、世界の政治経済システムのなかでどのように可能であったのかが描かれる。アメリカの世界戦略とアジアの開発や国際分業の展開が前半の焦点である。

そこに、中東の石油燃料使用が加わり、アジア、ヨーロッパ、中東のトライアングル状の資金循環が生まれていたことが明らかにされる。中東の紛争は、それを背景とした構造的なものであった。一方、この時期の後半には、中国の問題が顕在化する。中国は、独自の成長路線を持ち、戦後のアメリカ中心の国際分業の空隙をつく構想を持つ。それは、資源集約型の経済成長の道へ進む可能性も持っている。そのような予想の難しいアクターを含み、世界経済がどのように持続的に成長するべきかが論じられる。終章では、これらをまとめ、持続的な経路の構築と世界規模での資源エネルギー節約技術の進化が必要なことが述べられる。

経路と経路依存性

この本のユニークなところは、「経路（path）」、あるいは「経路依存性（path dependency）」から歴史を捉えることである（なお、杉原は「径路」と書くが、ここでは直接引用箇所を除いて「経路」と表記する）。これらの語は、もとは経済学における技術分析で用いられていた語だが、現在では、広く、社会科学や複雑系システム論やサイバネティックスなどに用いられている。この概念によって、経路の収斂の問題や、ネガティブ・フィィードバックの存在などが思考の俎上に乗るようになった。本書は「経路」思考の書だが、それは、未来に関して様々な示唆を与える。

この章の冒頭でも見たが（☞71ページ）、この語は、過去にありえた経路の存在を示唆し、未来のオルタナティブを示唆する。従来、歴史学では、「経路」という語が用いられることはあまりなかった。それは、歴史学に実験やオルタナティブという視角が希薄だったからである。歴史は、一回性の出来事であり、事実を確定し、歴史を忠実に再現することが歴史学の課題だった。しかし、経路という語は、歴史のコースは、様々な可能性のなかで選び取られた一つであることを前提とする。過去が現在であった時点、つまり、ある歴史的出来事が起きていたとき、そこには他の可能性もあったはずだ。それを認識することは、未来像を主体的に選び取る可能性を開くことになる。

経路は、様々な要因に依存しながら作られてきた。いいかえれば、多数の可能性、可能世界の中から、偶然の作用も含みながら選ばれてきた。選んだのは、人間である。人間は、歴史的文脈のなかに存在するが、人間が行う行為とは、多数の可能性のなかから一つの行為を選ぶことである。そこには、選ぶという主体的な営為がある。人間が選んだ経路であるならば、それを人間が変えることもできる。もちろん、経路には経路依存性があるので、変えることは簡単なことではないが、不変ではない。経路という語を採用することは、未来へのオルタナティブの提示でもある。

本書のなかで、最も大きな経路は、ヨーロッパの「資本集約型、資源集約型」の発展経路と、アジアの「労働集約型、資源節約型」のそれである。本書の芯は、後者を正統的に歴史に位置付け、未来のオルタナティブとして提示するところにある。第1章でも見たように（☞32ページ）、経路の主張とは、歴史の語り直しである。往々にして、工業化は、前者のみとして見られがちで、後者の存在は認知されないか、あるいは、認知されたとしても、あくまで前者の亜流ないしは変形であると捉えられがちだった。それは、西洋中心の見方でもある。そのような潮流に対して、本書は、後者がれっきとした一つの経路だと主張する。

モンスーン・アジアと経路性

「経路」と「経路依存性」の問題は、モンスーン・アジアについて興味深い論点をもたらす。というのは、モンスーン・アジアの「労働集約型」の経路とは、モンスーン気候という自然環境の「経路」下に生じたサブ経路ともいえるからである。モンスーン気候においては、稲作など協働的な作業が必要となった。その地域は、土地の希少性、つまり人口に比べて土地が少ないという特徴を持っていた。これらは、自然が人間に課した条件だが、それを人間が内在化させたとき、そこに、労働集約型の経済活動を得意とする人間集団が生まれ、それが「労働集約型」の経路を生み出すことになる。

第1章でも見たが、和辻哲郎は『風土』で、ヨーロッパの「牧場」、中東の「砂漠」、アジアの「モンスーン」という風土における人間のタイプを考察した（☞53ページ）。夏の雨季に典型的な自然の猛威が卓越するモンスーン風土では、忍従的で共同体的な人間のタイプが特徴的だと彼は主張した。この和辻の知見は「環境決定論」として、批判の対象となることが多く、それを述べた和辻の『風土』の第二章から第四章はあまり評価されることはない。しかし、杉原のいうモンスーン・アジアにおける「労働集約型、資本・資源節約型」経路というのは、まさに、その問いに新しい視角で答えている。

第1章の繰り返しになるが（☞54ページ）、「決定論」の逆の概念は、自由意志である。だが、この自由意志と決定論という組み合わせは、西洋に特有の組み合わせでもある。超越的で全知全能であまねく偏在する唯一神の存在下において、人間の主体性である自由意志は可能かという問いは、西洋における人間存在を考える基礎であった。決定論に対する拒絶的反応もそこからきている。環境決定論というレッテルは、西洋中心主義の産物だともいえる。唯一絶対神が存在する世界が、唯一の世界ではない。唯一絶対の神がいる世界、すなわち西洋と、相互関係によるものごとの生起を重視する「縁起」のような思想が基本となる世界、すなわちモンスーン・アジアにおいては、そもそも、世界と主体の関係性の捉え方が異なる可能性がある。

エネルギーと労働の「質」の問題

自然と人間の技術を媒介とした関係については第3章でも見るが（☞125ページ）、西洋型の資源集約型経路が前提とするのは、エネルギー技術である。この背景には、近世以来の西洋科学思想が前提としたアリストテレスのエネルゲイアとデュナミスの区分を基盤とする世界観がある（☞143ページ）。それが、「化石資源世界経済」を生み出した。一方、労働集約型経路とは、労働の「質」を問う（杉原 二〇二〇：第二章）。その背景にあるのは、世界をエネルギーの観点から見るのとは異なった見方であろう。

杉原の、モンスーン・アジア型経路が、現代世界の経済の大きな部分に影響を持っているという主張は、世界と人間との関係の在り方を再考する必要を訴えている。オルタナティブの必要性は、当の西洋でも、様々に主張されている。フェミニズムやケアの思想は、人間の相互依存を強く主張するし、ドナ・ハラウェイらのエコロジーを含みこんだ新たな人文学の潮流においては、生命の自律性を強調するオートポイエーシスに代わって、シンビオ・ポイエーシスなど生物間の相互関係が強調されている（Haraway 2016）。持続可能性研究では、量ではなく、質を重視することがカギであるという思考も現れている（☞93ページ）。自然環境とそこにおける人間のタイプが、歴史にどう影響してきたかは新しい視角の下で捉えられるべきであろう。

偶然性と人間の主体性

本書は経路と偶然性についても考えさせる。ある経路が、多数の可能世界の束のなかから選ばれたのならば、その選択がどのように行われたかが問題になる。そこでは、あらゆるものが必然だと考えられるのだろうか。それとも、偶然と考えるのだろうか。本書のなかでは、偶然という語が何度か出てくる。歴史の専門書に「偶然」という語が登場することはあまりないので、興味深いが、しかし、経路という思考を採用している限り、偶然の問題は避けられない。

本書のなかで偶然という語が用いられている個所を拾い上げてみよう。たとえば、イギリスの産業革命について論じた箇所で「商業や都市に近いところに、たまたま石炭がとれ、蒸気機関が採掘に利用される条件があったような、いくつかの「偶然」」（杉原 二〇二〇：七）という表現がある。

また、ヨーロッパ型の成長を論じた箇所で「石炭と北アメリカという、二つの「偶然」」（杉原 二〇二〇：六七）という表現もある。これは、西洋が、石炭に加えて、北アメリカ大陸という「新天地」をも「偶然」手に入れ、その膨大な資源を利用できることになったことで西欧型成長が可能になったことを論じた箇所である。また、長期の地球史を論じた箇所では、「様々な偶然が重なってできたある地域の「自然」」（杉原 二〇二〇：六二〇）という表現もある。

ここからわかるのは、本書での「偶然」という語は、自然と人間の邂逅について述べる際に採用されていることである。自然という、人間の側の理解を超えた存在と、人間社会との接点における機微を述べたものといえるだろう。もちろん、自然は、偶然の存在ではない。自然には、自然の法則があるが、それと人間社会の法則とは別個の系にあり、人間社会の系から見ると、自然とは偶然の系のように見える。そのような二つの系の出会いは、環境問題を視座に入れるとき、必然的に扱われざるをえない。人新世が提唱されている地球史が問題になる時代において、人間の歴史を考えるとすると、超長期の時間的スパンを持つ自然現象における一見すると偶然とも見える現象が扱われることは必然でもある。

杉原は、自然という人間社会の外部にある条件を、歴史として取り込むことが人間の主体性であると捉えている。

それ〔東アジアの奇跡のこと：引用者〕は、技術的制度的に想定されてきた「自然な」発展でもなければ、単なる「事件」ないし「偶然のできごと」でもなく、むしろ、地域史的、世界史的に新しい径路依存性を生み出すものであったことを表現したいと考えた。（杉原 二〇二〇：一八）

本書のタイトルに「奇跡」という宗教的含意も持つ、一見問題含みの語を用いている理由を述べた箇所で杉原はこう述べる。別の箇所では「人間の活動の独自性はその目的意識性、判断力にある」（杉原 二〇二〇：六二一）ともいう。目的意識と判断力を持った人間が、自然というそれを持たない存在物のなかで作り上げてきたのが歴史であり、作り上げていくのが未来であるという含意であろう。経路とは、道であるが、ある道はできたとき、それは、偶然でもなく、必然でもなく、そこにそれとしてもう存在する存在物である。その形成の過程を、偶然と名付けるのも、必然と名付けるのも、それを振り返って見た際の人間の論理化という認知作用である。道が生成している時点では、それは偶然でもなければ、必然でもない。そこにあるのは、制作（ポイエーシス）という主体的行為であり、それを行いうるのは、人間だけである。杉原には、それへの強い確信がある。

歴史と中動態

歴史とは、それをそれとして認識する人間のみが主体的に入ることのできる過程である。だが、同時に、そこには、人間が歴史に捕獲されるような受け身的な側面がある（Löwith 1953=1983, 寺田 二〇二一ｂ）。歴史とは、歴史と人間の相互作用によって生じる現象である。それは、能動のようで、受動でもある状態である。そのような状態は文法用語では中動態ともいわれる。英語やドイツ語などには、再帰動詞と呼ばれるものがあるが、それが似たような機能を持つ。再帰動詞は、ある行為を自己が自己に対して行う行為として表現する。たとえば、ドイツ語では、「わたしは思い出す」というとき、ジッヒ（sich）という再帰代名詞を用いて「わたしはわたしに対してそれを思い起こす（Ich erinnere mich daran.）」のようないい回しをする。これは、行為には、受動でも能動でもない領域があることを示唆する。歴史のなかに入るということも、受動でもなく、能動でもない行為であろう。それは、自然との関係においても同じであろう。自然のなかに、人間が存在するということとは、受動でもなく、能動でもない。杉原が、偶然という語を自然との関係に用いるのは、そのような側面を示しているようにも思われる。（なお、ジッヒ（sich）に見られる再帰性の問題は、「はじまり」や「無限」の問題と関連して第3章でも検討する。☞181ページ）。

このような見方は、「経路依存」という語における「依存」という語への評価を変えるかもしれない。『中動態の世界』（二〇一七）のなかで、國分巧一郎が述べるように、依存とは、受け身的な表現であるが、そこには受け身ともいい切れない側面もある。アルコール依存や薬物依存という病がある。それは語感から受け身として忌避される。しかし、それらは、依存という形を借りて、大きなストレスから受けたダメージを修復しようとする人間の行為である（神田橋 二〇〇六：六一）。それは、そのような状態から、脱却しようという能動的な行為である。その側面を見ることなしに、依存症からの脱出の援助をすることはできない（神田橋・荒木 一九七六＝一九八八）。人新世が提唱されるなかで人間の主体性が、改めて問われているが、これは、歴史と未来の持続可能性にも通じるところではなかろうか。（この点については、第3章でハイデガーの技術論を見るなかで改めて検討する。☞146ページ）。

アジア、アフリカからのイノベーション再考

これはまた、本書におけるイノベーションの評価ともかかわる。受け身性についていえば、東アジアにおける「労働集約型」経路とは、一見すると、受け身の対応でもある。イノベーションとは、外に打って出て状況を改善する「攻め」の姿勢であるが、それはヨーロッパ型の「資本集約型、資源集約型」が、外に打って出て、資本や資源を広く集めて来る行為からなることから来ている。一方、東アジアにおける「労働集約型」とは、手持ちの資源や資本の範囲内で、人間の労働力を集めたり質を高めたりすることで成長を図る戦略である。これは、イノベーションというよりも、アダプテーション（適応）ともいえよう。

だが、果たしてそうであろうか。それは、一見すると受け身であるように見えても、じつは、そのようにする道を選んでいる点で、能動的で主体的であるとは考えられないだろうか。このような経路が、これまで、正当に評価されてこなかったということは、イノベーション観における西洋中心主義によるものではないか。イノベーションを、外に打って出る形態のものに限ると、アダプテーションはイノベーションには含まれない。しかし、アダプテーションも、イノベーションも、

外界への対応の在り方であるとするならば、アダプテーションはイノベーションでもあるということになろう。本書における、東アジア型経路の提唱とは、イノベーション観の多様性を確保する必要を示唆している。

アフリカのジンバブエ出身でマサチューセッツ工科大学（ＭＩＴ）で科学技術社会論（ＳＴＳ）を論じるチャカネツァ・マブフンガ（Chakanetsa Mavhunga）は、イノベーションが存在しにくいと思われているアフリカで、実際は、様々なイノベーションが起きていることを明らかにしている（Mavhunga 2017）。その主張の根底にあるのは、イノベーション概念を、西洋中心的なイノベーション観から、在地におけるミクロな、一見受け身的な実践にまで広げることの主張である。彼は、たとえば、狩猟者が、近代化のなかで、西洋からの技術をも貪欲に取り込み、様々な環境要素を組み合わせ、密猟も含めた狩猟を行ってきた状況を「イノベーション」と捉えるべきであると問題提起する（Mavhunga 2014）。

本書が強く主張するように、地球における持続可能性のためには、人々が経済成長の果実を平等に受け取り、現在成長から取り残されている地域の生活水準が上がることが必要である。だが、それが、資源集約型の成長だけによって行われることが不可能なのはもはや自明である。仮にそれが行われたとしても、それは、持続可能ではない。持続可能な未来のためには、それ以外の道が探られなければならない。その際には、イノベーションを、「資本集約型、資源集約型」のイメージで捉えることへのオルタナティブが必要である。東アジア型の成長は、そのカギとなるが、本書は、その道筋への基礎を示している。

都市と内臓、あるいは時間の森を渡る猿

韓麗珠「輸水管森林」

香港という都市、韓麗珠という作家

香港という都市は世界のどこにも似ていない都市だと思う。香港は、ニューヨークのようでもある。どちらも、イギリス人が入植し、島に作られた。どちらも、金融と経済に特化した小さな領域に高密度にビルが建ち並んでいる。けれども、ニューヨークは、グリッド状の都市計画が貫徹するのに対して、香港では、グリッドは島の地形や等高線によって大きく変形される。その変形は、地形だけではない。都市そのものの在り方も、アジア風に大きく変形されている。

「輸水管森林」は、香港を代表する現代作家の一人の韓麗珠《ホン・ライチュー》（Hon Laichu）が初めて出版した短編集の表題作だ。彼女が、一八才のときの作品。それ以後、彼女は次々に不思議な作品を生み出す。カフカのような、といういい方は、本人にも失礼だし、カフカにも失礼のようにも思うが、しかし、そうとしか表現できないものがあるのも確かである。中国語で書く作家に、残雪《ツァン・シュエ》（Cán Xuě）と韓麗珠という二人のカフカのような女性がいるのはうれしい。日本の作家でいうと、倉橋由美子の感

じが近いだろうか。多和田葉子も彷彿とさせる。

この「輸水管森林」の後、「縫身」「離心帯」「風箏家族（凧家族）」などの作品が彼女によって生み出されることになる。どれも、香港を思わせるところを舞台として、この世と同じでありながらどこかこの世と違う世界を描いた小説だ。手術、病院、祖母、母、風船、気球、高層住宅など繰り返し登場するモチーフも多い。病や病院が描かれるのは、初期の小川洋子を思わせる。

輸水管と祖母の死

わずか数ページの小品だが、その中心となるのは、高層アパートの部屋から部屋へとうねうねと入り込む輸水管（水道管）である。それは、外壁を伝って壁をよじ登り、廊下を這い、廊下から窓を開けて部屋のなかに入り込み天井板にぶら下がって、部屋から部屋へと続いていく。その輸水管が、あたかもその数ページのなかをうねうねとくねって行くようだ。

「わたし」の住む高層アパートにも、向かいの高層アパートにもその輸水管は絡み付いている。向かいのアパートの一室が丸見えで、そこに太った男が住んでいるのが見える。男は奇妙な習性があり、トイレの後、なぜか水タンクの水洗レバーを何度も操作する。

わたしの母は、病で伏せっている祖母のために、毎日、台所で豚の腸を開いて洗っている。祖母は豚の腸の入ったお粥しか口にできなくなる病なのだ。母が豚の腸を洗う水が流されるとき、輸水管のなかでしゃわしゃわというようなせわしない音がする。いや、そのときだけではない。輸水管はアパート中をめぐっているのだから、わたしの部屋のなかを常に水が流れている音がしている。祖母の病とは腸の病であり、腸とは管である。管に起きているよくないこと。わたしは、向かいの高層アパートに絡み付いた輸水管が爆裂する夢をしばしば見る。

枯れ枝のようであり、うつろな目をして何も語らずに電灯もない部屋に横たわっていた祖母は、母によって病院に送られる。その祖母の入院と、輸水管の断水が並行して進む数日間の出来事がこの小説の中心部分である。「弟はまだ小さいし、わたしは家でやることがある。おばあさんはあなたのおばあさんなのだから、あなたがお見舞い係になりなさい」と母にいわれ、わたしは、毎日、祖母の見舞いをすることになる。祖母は、病院で鼻から管を入れられ意識もなく横たわっている。ここでも管が出てくる。

時は五月。香港の五月は雨の季節である。常に雨が降り続き、空は暗い。ある日、見舞いから帰ってくると、向かいの高層アパートが、白と藍色の葬儀用の鯨幕のような幕で覆われているのをわたしは見る。思い起こせば、数日前に、そのアパートの入り口で、太い輸水管の根元から水が湧き出て小さな湖のようになっていたのを見た。どうやら、そのアパートは施工に問題があったらしい。あの太った男の奇妙な習性はそれが原因であったのか。そういえば、あの太った男が天井を這う輸水管に猿のようにぶら下がり足を震わせている奇妙な姿も見た。

わたしが病院に祖母を訪ねると、祖母は突然生気を取り戻し、言葉も普通に話すようになっている。そうして、「このところろくなものを食べていない」といって、パンをパクパク食べ始め、それだけではとどまらず、看護師や隣の入院患者にもらったカステラやビスケットを大量に食べる。病院を出た私は、母に、祖母が思いがけず治ったことを告げないといけないと思いを巡らす。けれども、わたしは、なかなか家に帰れない。道に迷ってしまったのだ。いつもの道だったはずなのに、その道が異界への道だったのだろうか。

ひとが誰もいない道。空は暗くなる。そういえば、病院の裏側を、幾条もの真っ白な輸水管がまるで樹木のようにびっしりとおおっていた。わたしは、輸水管の森林に迷い込んでしまったのだろうか。わたしは、その輸水管森林の枝にあの太った男のようにぶら下がりたいという衝動を覚える。けれども、わたしは、その壁の向こうにあるのが、病院の遺体安置室であることも知っていた。結局、わたしが家に帰りついたのは三時間後のことだった。

数日後の夜、病院からの電話が、祖母が亡くなったことを告げた。母は、あれほど看病したのに、死因を解剖して調べましょうかという担当医には、「適当に書いておいて」といい、祖母の死因は心筋梗塞ということになる。

ほどなくして、わたしの一家は、一軒家に引っ越した。一軒家には、壁を這う輸水管もなければ、窓から部屋に入ってくる輸水管もなかった。それが普通なのだ。窓からは、高層アパートが見える代わりに山が見えた。わたしは、その一軒家に慣れなかった。母は昼間働きに行き、弟は寄宿制の学校に行っていたので、家には、昼間だれもいなくなる。わたしは手持無沙汰で部屋にいる。わたしはキッチンに行って、シンクの下の小さなトビラを開け、そこに小さな輸水管を発見する。輸水管はここにあったのだ。わたしはそこにそっと耳をくっ付ける。そこには、あの懐かしい水の流れる音がする。そうして、わたしは幻視する。あの病院の後ろの路地の奥にあった輸水管の森林を。わたしは、あの太った男と同じように、輸水管の森を猿のように登っていく——。

内と外のパラドックス

以上があらすじだが、都市と内臓が一体となったような感覚である。輸水管は、家に遠慮なく入ってくる。それは、都市という外側が家のなかに遠慮なく入ってきているのを示している。そこには、外も内もない。となると、内と外とは何かということになる。内とは理解可能なものである。それは、内にあるから理解の範囲内だが、とはいえ、じつは、内だからといって、必ずしもそれが理解できるというわけでもない。内臓は、内にあるのにもかかわらずよくわからない。内臓は、自分のなかに存在する他者である。よくわからない他者のようなものは、しかし親密なものとして存在する。そこには内と外をめぐるパラドックスがある。そのパラドックスは、都市と身体を貫く。

小説のなかでは、祖母も母もよくわからないものとして描かれる。祖母は、言葉を話さず横たわっていただけだったと思えば、突然話し始め超絶的な食欲を見せたかと思うと死んでしまう。祖母の死に際しては、「わたし」は、母が涙にくれると思っていたが、あれほど看病していたのにもかかわらず、母は、あまりにそっけない態度を示す。家族とは、内なるものでありながら、もうすでに、他者である。

いや、そもそも、「わたし」は「わたし」のこともよくわからない。わたしは、ときどき自分でも思ってもいなかったのに、あの太った男のように、トイレの後、何度も水を流し、急いでキッチンの流しの下に行っては、輸水管に耳をくっ付けたりしている。確実なのは、そのなかを流れる水の低くゆるやかな音だけだ。考えてみれば、管のなかは、そもそも、外であるともいえる。どちらが内で、どちらが外なのか。確実なのは、その間を流れる流れの存在だけだ。

都市が内部に入り込む感覚といえば、写真家の宮本隆司にインタビューしたとき、彼は、「都市を建築に埋蔵する」という建築家の原広司の言葉を引用して、段ボールハウスについて話していた（宮本 二〇〇九＝二〇二〇）。ホームレスの段ボールハウスをある時期集中的に撮影していた宮本は、仲よくなったホームレスに誘われて段ボールハウスに入ってみて、そこに、都市をそのなかに埋蔵するような安心感を覚えたのだという。都市は、外にあるようだが、じつは、なかにある。そういえば、宮本には、かつて香港の九龍城にあったビルの内部を接写のようにして撮影した『九龍城址』（一九九八）という写真集があった。それは、ビルの内部を撮った写真でありながら、みごとに香港という都市を撮った写真となっていた。都市の内臓といえようか。都市は人工である。しかし、内臓として感知されるまでになった都市はもはや自然でもあろう。その感覚がアジアの都市の身体感覚なのかもしれない。第1章で西洋のパラダイムとしての二元論についてはすでに見たが（☞56ページ）、これはそれとは違った非二元論の世界ともいえよう。

この短編では、その都市は、森林でもある。となると、「わたし」の内臓は森林でもあるのだろうか。森の木には導水管が張りめぐらされているし、私の身体のなかも血液という水が流れ、腸という管が通っているのだから、それは森林であるということにもなるだろう。

「わたし」は、輸水管の森を、一匹の猿となって渡っていくことを幻視する。その幻視された都市とは、過去の都市であり、未来の都市である。確かに、そこには、昔、森が広がっていただろうから過去でもある。また未来にはその都市は持続可能な森林都市になっているかもしれないので未来でもある。けれど、じつはその都市は、「わたし」によって幻視された都市だから、それは、わたしの内部にある。わたしの内部とは、わたしが生み出されるどこかのことだ。それは、時間のないどこかである。精神医学者の木村敏は、それを「父母未生已前」の時間であるという（木村二〇〇二：一一三）。そこを渡る猿。「父母未生已前」とは、時間以前の時間である。内と外を貫いて流れるものとは、そのような境域につながる何かであり、韓麗珠が描こうとしていたのはその何かなのかもしれない。（なお、「わたし」が生み出される場所や父母未生已前については第3章で詳しく検討する。☞152、170ページ）。

第3章　存在と世界

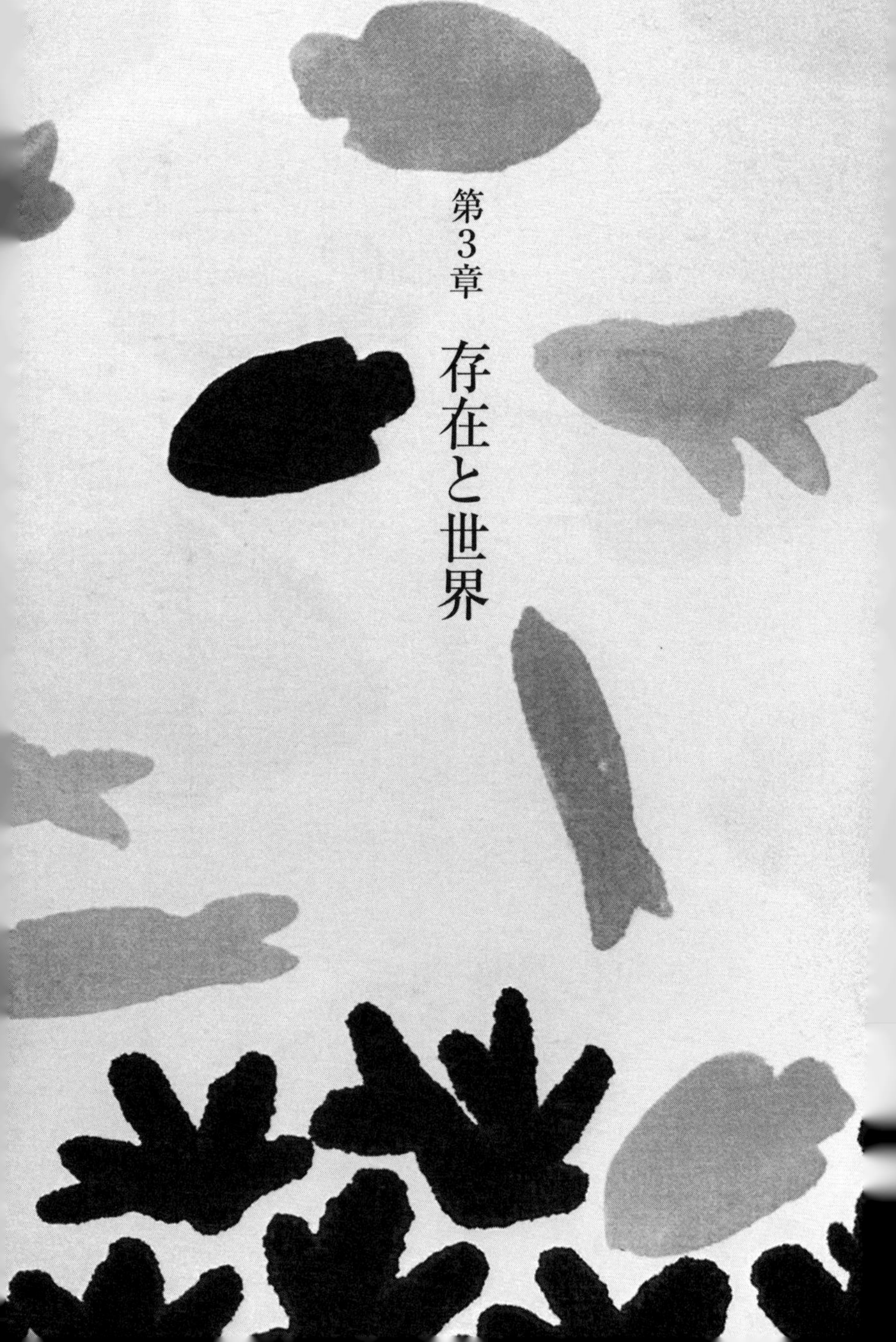

人間が、この地球上に存在していることが、環境が存在していることの基盤にある。こうして、あなたやぼくが地球上に存在し、環境を環境として認知し認識しているからこそ、地球環境は存在する。人間という意識を持った存在が、地球上に存在し、思考していることそのものが、地球環境という現象の根源にある。地球環境問題とは「切り分けられない」問題群からなるが、その切り分けられなさというのは、そもそも、一つである世界や環境を人間が切り分けようとしてきたところからきているともいえる。一方、「風土」とは、切り分けられないものを切り分けずに認識する環境認識のありかたでもある。となると、いったい人間が、この地球上に存在して、その外部の世界や環境を認識し認知しているのはどういう意味なのだろうか。この問いは、迂遠な問いに見える。だがしかし、地球環境問題が問う問題とは、そのような人間存在と世界の関係性を考えることなしに、解くことはできない問いである。

人・技術・自然――コロナの時代にハイデガーを読む

ハイデガー「技術への問い」

マルティン・ハイデガーは、二〇世紀初頭から中頃にかけて活動したドイツの哲学者で、主著『存在と時間』で知られる。『存在と時間』は、存在する、あるということ、とりわけ、人間が存在するとはどういうことかを、誕生や死、時間や歴史などとの関係で論じた本である。人間の存在をそのように包括的に論じた人はそれまでいなかったし――アリストテレスも、カントもそんな風には人間が「いる」ことを論じなかった――、それ以後も今のところいないので――デリダも、マルクス・ガブリエルもそういうふうには論じてはいない――、かなり独自の思想家である。

ハイデガーを、二〇世紀最大の哲学者という人もいれば、哲学史上最大の哲学者の一人だという人もいる。後者については異論が出るかもしれないが、前者については、多くの論者がうなずくだろう。それが正しいかどうかはさておき、哲学の歴史に残る存在であることは間違いない。

日本にも多大な影響を与えた。本書第1章でも見たが、三木清や西谷啓治はドイツで直接ハイデガーの謦咳に接したし、講筵に連ならなくとも、和辻哲郎は主著の一つ『風土』を『存在と時間』からの刺激によって書いた（☞48ページ）。ハイデガーの側も、それらの交流から影響を受けている。両者の関係は、欧米圏で、今日、盛んに論じられている。

ハイデガーと謎

今世紀最大の哲学者、あるいは史上最大の哲学者の一人だが、一方で、ハイデガーの思想は謎めいた部分があることも確かである。カントやデカルトも史上最大ともいわれる哲学者だが、彼らには謎めいた部分はない。

カントやデカルトの著書には――カウントしたことはないが――おそらく「謎」というような語は出てこない。彼らは、世界を明晰に、システマティックに捉えることを目標とする。そこには隠されたものがある余地はない。

だが、ハイデガーの著には、「謎」という語がときどき出てくる。これから論じる「技術への問い」という論文のなかでも「謎」という語が「払隠」を論じるなかで用いられている（Heidegger 1953=2000: 26）。世界の謎を解こうとするのは、哲学の目的だが、それを謎と捉え、謎であると表現するかどうかは、哲学者の姿勢にかかっている。

謎とは何か。ドイツ語では「謎」は「ゲハイムニス（Geheimnis）」という。この語は、なかにハイム（heim）という語を含むが、ハイムとは家という意味で、家のなかに匿うという感じがある。「ゲハイムニス」とは、謎よりも「隠匿」と訳した方がよいかもしれない。

謎とは、隠匿である。それは、隠されている何かである。隠されている何かが、顕現する際には、隠すものが払いのけられなくてはならない。ハイデガーの世界へのスタンスの基本にはこの姿勢がある。それがハイデガーに魔術的雰囲気を感じさせる原因かもしれない。だが、これはこの後見るように、魔術でも何でもなく、世界と人間とのかかわりの重要な要素である。

ハイデガーと「禍」

コロナの時代とは「禍」の時代である。「禍」の渦中で、ハイデガーを読む。だが、「禍」において、ハイデガーが読まれるのは、コロナ禍が初めてではない。

そもそも、ハイデガーの『存在と時間』が刊行された一九二七年は、ヨーロッパでは第一次世界大戦と第二次世界大戦の間の不安定で切迫した時期だった。当時のドイツの青年層は、切羽詰まった時代精神と通じる何かをハイデガーの書のなかに見たといわれる。ハイデガーの思想の根源性のあらわれともいえるし、それが、世界を謎と捉える姿勢とも通じているともいえる。

確かに、世界には解けない謎がある。科学がいくら進んでも、ものがなぜあるのか、世界には無はなくて、どうして存在しかないのか、というような哲学的問題の答えは見つからない可能性がある（van Inwagen 2019: 287-290, McGinn 1993）。「禍」とは、それを意識させる時間である。

ハイデガーは、『存在と時間』刊行の後、ナチスの政治活動にコミットした。これが何を意味するかは、きちんと認識されなくてはならないが、ナチスという政治運動もある意味で危機への対応の一種であり、ハイデガーはそれに敏感に反応していたともいえる。

フクシマ、コロナ、技術

前回、日本でハイデガーが、「禍」中において読まれたのは、二〇一一年の〝フクシマ〟の出来事の後である。「技術への問い」という論文は、このとき、よく読まれた。それを機に、複数の日本語訳の文庫本が刊行された。平凡社ライブラリーの『技術への問い』（二〇一三）と、講談社学術文庫の『技術とは何だろうか』（二〇一九）がそれだ。二つの本のタイトルは異なって訳されているが、原文は同じである。

なぜ、フクシマの後、この論考が読まれたのか。それは、表面的には、この論文が核（原子力）技術を論じているからである。これから詳しく見るが、この論考が扱う技術とは、まさに核技術である。

しかし、危機の時代に人々に読まれる書とは、単なる表面的な類似だけで読まれるのではなかろう。危機は、人に根源的な思考を求める。そのような状況で読まれたということは、この論には、根源的な何かがある。その根源的なものとは何か。この論考は、技術とひと、世界の関係を問う。その根源性が、人々をこのハイデガーの論に惹き付ける。

それをふまえてハイデガーのこの技術論を、コロナの時代に読んでみたい。コロナの時代に、なぜハイデガーの技術論なのか。それは、コロナの時代が、フクシマとは違ったかたちで、ひとと世界、技術の関係を問うているからである。コロナ禍は、ひととウィルスの問題である。だが同時に、ひとと技術、ひとと自然の問題でもある。

コロナ禍においては、ひととウィルスが直接対峙しているのではない。その間には、技術という媒介が挟まっている。コロナ禍は技術文明のなかで発生し、制御にも技術という媒介が大きな役割を果たす。その意味で、コロナの時代は、技術とひとと自然が問われている時代である。

三つの道具立て、三つのテーゼ

ハイデガーの「技術への問い」は、一九五三年、ミュンヘン工科大学での「技術時代の芸術」と題された講演会シリーズのうちの一回の講演原稿である。ドイツ語版全集で二九ページ。講演での読み上げ用の原稿ということもあり、比較的短いテキストである。彼の『講演と論文』（Heidegger 1953=2000）という著書の巻頭に置かれている。

『講演と論文』とは、味もそっけもないタイトルである。とはいえ、彼の著書にはこの手のタイトルも多い。ハイデガー全集は、全一〇二巻の大冊だが、彼は、生きている間には十数冊の本しか出していない。著作リストを見ると、それらは、この手の簡潔なタイトルが多いし、そもそも、本というよりもパンフレット的なものも多い。やや突き放した感じの題名の付け方は、同時代人の西田幾多郎が後期の論集のタイトルをすべて『哲学論文集』とし、それに第一、第二などという数字を付して区別していたのと共通する。

この論文は、講演原稿なので、小見出しや章立てはないが、内容を整理すると次のようなものになる。

一、はじめに　二、ものへの働きかけ　三、現代技術とは何か　四、立てる（stellen）、用立てる（bestellen）、為作（Gestell）　五、自然学（物理学）と技術　六、現実態の問題とプラクシス（実践）　七、危険／危険性　八、払隠（Entbergen）としての技術　九、人間と為作

彼は、まず、三つの分析のための道具立てを用意する。アリストテレスの自然学、形而上学と、「払隠」と「為立」という自身の造語である。そうして、それをもとに議論を行うが、それは「エネルギー技術の根底には自然の根源が隠れている」「技術とは「払隠」である」「技術とは真実と謎の問題と関係している」という三つのテーゼにまとめられる。以下、それぞれを見てゆこう。

アリストテレスの自然学、形而上学――道具立て1

道具立てとして、ハイデガーは、まずアリストテレスの、四原因説を用意する。四原因説とは、アリストテレスが『自然学』と『形而上学』で述べた、存在を存在たらしめる原因の分類で、質量因、作用因、形相因、目的因の四つである（Aristotle 1929: 194b16-195b30; 1933: 1013a24-1014a25）。

ものが存在するためには、質量や形が必要である。質量や形がなければ、ものは存在できない（質量因、形相因）。さらに、それがそのような質量や形をとるに至るには、作用とそれがそうなる目的が必要である（作用因・目的因）。アリストテレスの『形而上学』とは、存在を存在として捉える学であるが、その学の基本がこの四原因説である。

質料や形、作用などに分割して原因を分類することはごく普通のことにように見えるだろうが、そうではない。現在そう思うのは、アリストテレスが作った体系を引き継いだ科学を前提とした社会にいるからそう思うのであって、そうではない体系もある。キリスト教は、世界を神が作ったと考えるので、ものの原因は神である。古代ギリシアでは、幸運や偶然、神や形相が原因だと考えられてもいた（Johnson 2005: 41）。第1章で見たように、土地の名の原因をカミの争いに求める見方もある（☞44ページ）。ゴータマ・シッダールタ（ブッダ）は、苦の原因を「縁起」や「無明」にあるとした（寺田 二〇二二）。原因は、哲学だけではなく、宗教や神話によっても語られうるのだ。だが、アリストテレスは、そのような解釈ではなく、原因を自然に即した分析から考えようとした。彼の説が「自然学」と呼ばれ、近代の学問の基盤となっている所以である。

造語「払隠」――道具立て2

次の道具立ては二つの造語である。「払隠」と「為立」である。どちらも辞書には存在しない語で、ハイデガーによる造語である。

両者の説明の前に、ハイデガーと造語について簡単に見ておこう。第1章でも触れたが（☞57ページ）、ハイデガーは、造語の多用で知られている。英語には、約九〇〇ページ、二二〇項目の『ケンブリッジ　ハイデガー語彙辞典』という本があり（Wrathall 2021）、日本で刊行された『ハイデガー事典』も、一五〇ページ、四〇〇項目の「用語編」を持つほどである（ハイデガー・フォー

ラム 二〇二一）。ただし、造語といっても、難しい語を作り上げるのではない。ありふれた日常語を、思いもかけない組み合わせ方で用いる。そうすることで、元の語が異化され、埋もれていた語の可能性が新たに浮かび上がる。彼はまた、語に新しい意味を込めることも頻繁に行う。

造語というと、地口や言葉遊びのようにも捉えられるが、決してそうではない。「技術への問い」を読めばわかってくるが、彼は、技術を世界と人間との間に存在する接触点のように捉えている。それと同じように、彼にとって、言語とは、世界と人間の接触点である。世界を構築する手段や材料となるのは、言語であるし、世界から隠されている真実を明るみに出す手段も言語である。ただし、そのためには、既存の語彙の数はあまりに限られている。比喩的にいえば、世界はシームレスにアナログ的に展開するが、一方、言語はデジタル的な存在なので、シームレスで流動的な状況を表現することにはそもそも無理があるからである。ただ、人間が世界とかかわろうとするならば、いくら限界があろうとも言語を用いるしかない。ハイデガーは詩や詩人に高い評価を与えるが、それは、詩は言語を思いもかけない使い方をすることで、世界の真実を明るみに出すからである。ハイデガーが造語を多用するのも、それと同じことである。

山が現れる

ハイデガーが道具立てとして用意する造語の第一は、「払隠（エントベルゲン、Entbergen）」である。「払う」や「払いのける」を意味する接頭辞「エント（ent）」と、「隠す」という意味の雅語

「ベルゲン（bergen）」を組み合わせて作られた。彼は、技術とは「エントベルゲン」だという。

　造語なので、これにあたる日本語は存在しない。ここでは「払隠」と訳しているが、これまでの訳は「開蔵」で（ハイデガー・フォーラム 二〇二一：三〇一―三〇二）、蔵が開かれるというイメージである。蔵の扉がぎーっと開いて、薄暗いそのなかをのぞいているというニュアンスがある。だが、「エントベルゲン」には、もう少し開かれたイメージがあるのではないかと思う。

　ベルゲンという動詞とは直接的な関係はないが、ドイツ語ではベルク（Berg）というと山を指す。深読みすると、ハイデガーはわざわざ「隠す」という語に山を意味するベルクと似通った雅語のベルゲンを用いたともいえる。山が隠すというイメージである。とすると、巨大な山が払いのけられるという感じになろうか。あるいは、霧が払いのけられ、巨大な山の姿が現れるという感じであろうか。後のエントリーでカスパー・フリードリヒの絵画を見るが（☞172ページ）、霧に隠された山は、ドイツ・ロマン主義のモチーフでもある。

　ハイデガーは山の人である。海の人ではない。彼はスイスとの国境近いアルプスのトートナウベルク

図8　ハイデガーの山荘があったトートナウベルクの風景（2003年、Werner Schreiber 撮影）

注）クリエイティヴ・コモンズ表示－継承 3.0 非移植（https://creativecommons.org/licenses/by-sa/3.0/deed.ja）

（Todtnauberg）という山に山荘を所有していたから（図8）、この連想もあながち間違いでもないだろう。それもふくめて、ここでは、「払隠」と訳しておく。

その上で、ハイデガーは、技術の本質とは「払隠」だというのである。ここでいう技術とは、西洋において、近世（一六世紀〜一八世紀頃）以来の科学が、エネルギーの問題に傾注したことで生み出されたエネルギー技術である。なぜ、技術が「払隠」か。技術や技とは、一般的には、「つくる」ことである。それは「創作」「制作」ではあっても、隠された何かを払いのけて明らかにすることではない。もし、エネルギー技術が「創作」「制作」ではなく、「払隠」なら、どのような〝隠され〟を払いのけているのだろうか。そこで現れるのは何か。これが、ハイデガーの技術論の中心の問いである。

造語「為立」──道具立て3

二つ目の造語は、「為立（ゲシュテル、Gestell）」である。この語を用いて、ハイデガーは、技術とは「為立」であるという。

先ほども述べたが、一般的に、技術とは、何かを「作る」ことに関するものだと考えられている。しかし、彼は「作る」という語を用いることを回避する。そして、「立てる（シュテレン、stellen）」や、「用立てる（ベシュテレン、bestellen）」という語を用い、さらに、それらと関連した語として「為立」という語を造語するのである。

これらの語もごく日常的な語である。哲学用語ではない。たとえば、べシュテレンとは、日常では、注文するとか整えるとか、あるいは、単に何かをするとかいうときに使う。「立てる」を意味する「シュテレン（stellen）」という動詞に、「べ（be）」という、ある種の能動性のニュアンスを加える接頭辞が冠されている。文字通りにいえば、「立てるを為す」とでもいおうか。しかし、「注文」が「立てるを為す」であるとはどういうことか。注文するとは、そこにはなかったある状態を出来《しゅったい》させることである。ある状態を立てることである。つまり、ある状態からある状態への変化を起こさせるということの強調が、この「べシュテレン」という動詞にはある。

ハイデガーが技術とは、「為立（ゲシュテル）」であるというときの「ゲシュテル」とは、この「シュテレン」という「立つ」という動詞を語幹に持つ語である。「シュテレン」つまり「立てる」に、「ゲ」という接頭辞を加えて名詞化した語である。この「ゲ」は過去分詞の接頭辞としても用いられるが、〝何かをやり切った〞というニュアンスがある。「総決算」「総集編」などの「総」の感じである。「ゲシュテル」を、ここでは「為す」という語で強調のニュアンスをあらわし、「為立」と訳すが、従来は「立て組み」「集 - 立」「総かり立て」などと訳されている（伊藤 一九九八、ハイデガー・フォーラム 二〇二一：三五一）。

「エネルギー技術の根底には自然の根源が隠れている」――テーゼ1

さて、以上の三つの道具立てを用いてハイデガーは技術を論じるが、その第一のテーゼは「エネルギー技術の根底には自然の根源が隠れている」ということである。

この論文でハイデガーが論じる技術とは、エネルギー技術である。水力発電、原子力（核）発電などが論じられる。なぜ、エネルギー技術なのか。原子力（核）発電が論じられているのは、時代的背景もある。この論文が書かれたのは一九五三年である。ヒロシマとナガサキに原子爆弾（核爆弾）が用いられてから日も浅く、東西冷戦の進展を背景として、水素爆弾すらも開発されていた。この論文のなかでは、原子爆弾（核爆弾）への直接的言及はないが、この論文が所収された『論文と講演』の別の箇所には、直接的な言及もある（Heidegger 1953=2000: 168）。

だが、エネルギー技術とは、もっと深く、時代を規定している。エネルギー技術とは、エネルギーを操作し、それを「為立」せしめる技術である。先ほども触れたが、西洋の近世以来の科学はエネルギーの問題をめぐる学であった。エネルギーについてのいくつもの法則が発見され、エネルギーを操作する様々な技術が開発された。原子力（核）技術はその一つである。第2章で、現代世界が「化石資源世界経済」の下にあることを見たが（☞100ページ）、その根底にあるのが、この技術である。比喩的にいえば、ニュートンやデカルトが生きた近世（一六―一八世紀）は、馬車の時代だったが、ヘーゲルやマルクスが生きた近代（一九世紀―二〇世紀前半）は蒸気機関車の時代だった。一方、ハイデガーが足を踏み入れていた現代（二〇世紀中頃以降）とは自動車やジェット機や原子力（核）発電の時代である。これらの時代の変遷は、すべてエネルギー技術によって駆動されている。そして、現代の後期に至って、この技術は、「大加速」を引き起こし、人新世と呼ばれる新たな地質年代を樹立することが提唱されるほどに、地球環境をマイナス方向に変えている（☞９ページ）。

太陽エネルギーとエコシステム

エネルギーとは、力である。では、その力とは何か、その本質とは何かが問題になる。その際、ハイデガーは、エネルギーの根源には太陽からのエネルギーの放射があることを重視する。彼は、自然とはその太陽から「用立てすべきエネルギーの主要な貯蔵庫」であるという（Heidegger 1953=2000: 22）。たとえば、石炭は、「炭鉱の中にねむっている。石炭がそこにあるのは、自らの中に保存された太陽のエネルギーを用立て、差し出すためなのだ」（Heidegger 1953=2000: 16）。

太陽から放射されたエネルギーが、光合成により変換され、エネルギー・フローとして食物連鎖となることは、エコシステムという考えの基本中の基本である。現在の目から見ると、ハイデガーがエネルギーの問題を太陽の放射の問題と捉えていることは、ごく自然なことのように見えるだろう。だが、それは、この講演が行われていた一九五三年当時には、まだ人口には膾炙しておらず、最先端の学知だった。

エネルギーがエコシステムの問題として捉えられたのは、二〇世紀の中葉になってからである。それ以前の生態系の捉え方は、クレメンツの植物相の遷移説などのように、生物のコミュニティだけに注目していた。しかし、一九二〇年代に、熱力学と生態との組み合わせが模索され、一九五〇年代にユージン・オダム（Eugene Odum）がそれを栄養のサイクルとして統合的に論じた（Dickinson and Murphy 1998: 14）。

その集大成ともいえるオダムの『生態学の基礎』第二版の刊行は、一九五三年である（Odum and Barrett 2005: 19, 562）。システム生命学の大橋力は、このオダムの著書は、それまで物質の次元だけで環境を捉えていた生態学に、エネルギーという概念を導入し、生態系を、物質とエネルギーという二つの次元に拡張し、まったく新しい環境観を開くものであったと評価する（大橋二〇一九）。

エネルギーの概念が導入されることにより、生態系が地球システムや宇宙システムの一部であることが明確に位置付けられた。それによって、地球のエネルギーが生物の世界と関係していることをダイナミックに捉えることが可能になった。これが、現代の地球環境学の視点であり、現在提唱されている人新世という概念にも貫通している（寺田二〇二一b：三四五ff.）。

大橋によると、ユージン・オダムのエネルギーへの視角は、弟のハワード・オダム（Howard Odum）からの知識によるものだという（大橋二〇一九）。ハワードは、一般システム論の黎明期に活躍した研究者で、後に、国際システムサイエンス学会の会長も務めた。兄ユージンは、当時の最先端の知である一般システム論を生態学に導入していたのである。

オダムの『生態学の基礎』第二版の出版と、ハイデガーの「技術への問い」の講演は、ともに一九五三年の出来事である。ハイデガーが、技術の問題を太陽のエネルギーから論じようとしていたのは、彼の思想と同時代の地球環境に関する最先端の科学知との共時性を示す。

ユクスキュルの環世界論とハイデガー

だが、ハイデガーの地球環境学の先端との共振は、この時点において初めてあらわれたのではない。少し回り道をするようだが、ハイデガーの技術観の根幹にかかわる事柄なので、少し詳しく見ておこう。そもそも、ハイデガーは、一九二〇年代にヤーコプ・フォン・ユクスキュル（Jakob J. von Uexküll）の「環世界論」を、彼の哲学に取り入れたことでも著名である。

ユクスキュルは、ドイツの生物学者である。彼の提唱した環世界論は、地球環境学の基本概念の一つで（立本 二〇一三、Berque 2014）、生物には生物の世界観があり、その世界観がつらなることで環境を作り上げていることを明らかにした。風土学とも共通性を持つ見方である。日本では、生物学者で地球研初代所長でもあった日高敏隆が高く評価し、岩波文庫からユクスキュルの『生物から見た世界』（二〇〇五）が日高らの訳で出版されている。

ハイデガーは、このユクスキュルの学説を、自らの哲学的体系のなかにいち早く取り入れていた。フライブルク大学の一九二九／一九三〇年の冬学期に行われた講義「哲学の基本問題――世界・有限性・孤独」のなかで、ハイデガーは、ユクスキュルの『生物の理論』（一九二八）や『生物の内的世界と環世界』（一九二一）を援用しながら生物と世界のかかわりについて論じている（Heidegger 1929/1930=2018: 327ff, 365ff, 383ff）。

この「哲学の基本問題」という講義は、ひと、もの、いきものの世界とのかかわりを、三つに区分したものとして著名な講義である。ひとは世界を構築し（Weltbildend）、ものは世界を失っており（Weltlos）、いきものは世界に貧しい（Weltarm）と彼はいう。人間のみが主体的に世界を構築することができ、いきものはそのようなことをできないので与えられた世界を受動的に甘受する貧しいかかわり方しかできない、そして、ものはそもそも世界を感知できないのでものには世界はないというのである。三者の間で、主体と世界とのかかわり方に違いがあることが論じられるが、そこに、当時、刊行されたばかりであったユクスキュルの書が引用されている。この後、詳しく見るように、ハイデガーの技術論は、自然と人間との関係を問うが、それはこの三つの相違を前提としている。つまり、そもそも、ハイデガーの思想とは、地球環境学的思想であった。

風土学、地球環境学との共振

彼の、ひと、もの、いきものと世界の関係を論じた講義が行われた一九二九年は、『存在と時間』が発刊された翌々年である。『存在と時間』では、人間にとっての存在の意味が問われた。それに続く時期に、彼は、ひと、もの、いきものの世界へのかかわり方の差異を論じていた。いきものを「貧しい」と評価することは、逆に、人間を「豊か」と評価することであり、貧富の差に似た価値判断から人間を優位におく見方で、旧約聖書以来のいきものを人間の下位に見る見方を反映している。そのような見方の妥当性は、検討されなくてはならないが、一方で、彼が、ひと、もの、いきものの連続性を認めていると見るならば、それは、今日でもアクチュアリティがある。ひと、もの、いきものとは、世界を構築する基本的要素であり、環境そのものである。ハイデガーには、ひと以外の存在も含めて地球という存在を統合して捉える視角があるといえるのである。

地球を総体的なシステムとして捉え、そのなかに人間をどう位置付けるかは、地球環境学、風土学の課題である。風土学との関係でいうと、和辻の『風土』がハイデガーの『存在と時間』を批判して書かれたことはすでに見た（☞48ページ）。和辻は、風土の分類を気候と植物相から行っていたが、これは当時の最先端の学知ではあったが、和辻はエコシステムまでは参照していない。ハイデガーが、その後、和辻の先を行くように、エコシステムを参照していたことは興味深い。

また、日本の地球環境学思想に重要な位置を占める今西錦司の『生物社会の論理』（一九四九）は、このハイデガーの「技術への問い」の講演が行われた一九五三年の少し前に刊行されている。今西は、その書のなかで、クレメンツらの生態学を批判し、棲み分け説を唱えた。つまり二〇世紀前半とは、地球をエコロジカルなシステムとしてどのように総体的に捉えるかが問われていた時期である。今日、和辻や今西の思想は、地球環境学に関する重要な哲学的寄与として評価されているが、ハイデガーの思想を、それらと関連付けて論じることも必要であろう。

「フィジーク（物理学、自然学）」が扱うもの

地球環境学とハイデガーの関係についての寄り道が長くなったが、地球環境、すなわち、自然の

問題は、技術の問題からは距離があるようだが、そうではないことを示すためである。この点がまさに、ハイデガーの技術論の要諦である。

「技術への問い」論文で、ハイデガーは、核（原子力）技術に象徴される現代技術を「フィジーク（Physik）」の問題として扱うと宣言する（Heidegger 1953=2000: 22）。ハイデガーの技術論の基本となるスタンスは、近代以後の技術はエネルギー技術であるという議論だが、それを自然の問題とつなげるのが、この「フィジーク」という語である。

「フィジーク」とは、何か。「フィジーク」はドイツ語だが、英語でいうと「フィジックス（physics）」であり、今日の感覚でいうと、「物理学」と訳される。確かに、核（原子力）技術は物理学の問題であり、ハイデガーもその意味で用いている。だが、「フィジーク」とは、じつは、「物理学」だけを指すのではない。「自然学」とも訳される。そして、この「自然学」には長い歴史がある。

「自然学（フィジーク）」とは、アリストテレスから来ている語である。アリストテレスには『自然学』と『形而上学』という二つの著書があることはすでに述べたが、この「自然学」と「形而上学」という語のなかに、どちらも、「自然」を意味するギリシア語の「ピュシス（φύσις）」という語が含まれている。『自然学』はギリシア語で『ピュシケー・アクロアシス（φυσικὴ ἀκρόασις）』、つまり、「自然に関する探求」というタイトルである。一方、『形而上学』はギリシア語では、『タ・メタ・タ・ピュシカ（τὰ μετὰ τὰ φυσικά）』という。「メタ」という語は「上」という意味なので、

「自然学」の「上」にある学という意味である。直訳すれば「上・自然学」である。上とは上位に来るという意味でもあり、アリストテレスは、「形而上学」を「第一哲学」と呼び、あらゆる哲学に先行する哲学と考えていた。

アリストテレスは、『自然学』では、ものがどうして動くのか、つまり、ものが、そうなるのはどういうことかを論じ、『形而上学』では、存在がどうして存在として存在するのかを分析する。アリストテレスには、天体や動物、植物、気象など個別の自然現象を扱った著書があるが、この『自然学』と『形而上学』は、それら個別の自然現象に通底する基本原理を論じたものである。重要なことは、アリストテレスは、『自然学』と『形而上学』を「ピュシス」の学として統一した視座から論じていたことである。

ピュシスと「うみなす」自然

今日、「自然」というと「自然にあるもの（存在物）」を思い浮かべる。風、水、土、火、星、いきものなどの「自然物」や「自然界の存在物」である。しかし、ギリシア語の「ピュシス」は、これとはニュアンスを異にする。それは、「自《おのずか》らそのかたちになるもの」というニュアンスがある（Mittelstraß 1995b: 241）。「自然物」や「自然界の存在物」というより、それを生み出す、「自らそうなる力」を指す。直訳すれば、ピュシスとは、「うみなす」「なる」ともいえるだろう。

「自然」を意味する英語の「ネイチャー（nature）」の語源となったラテン語の「ナチュラ

（natura）」も同じ意味である。ラテン語の「ナチュラ」は、ギリシア語の「ピュシス」の訳語として生まれたが、このナチュラとは、「生む」という「ナスキ（nasci）」という動詞の過去分子から作られた（Onions 1966）。「ナチュラ」とは、「自然物」や「自然界の存在物」というような意味ではなく、まさに「うみなす」「なる」という作用を意味するのである。

「うみなす」「なる」とは、何かが何かになることである。なかったもの、なかった状態が、あったもの、あった状態になることである。この状態の変化がどうして起きるのかを解き明かすことがアリストテレスの最大の課題であり、彼の『自然学』と『形而上学（自然学の上に来る学）』はそれを解き明かす書である。アリストテレスの哲学とは、この「うみなす」自然（ピュシス）の解明を基軸に組み立てられたシステマティックな体系である。

ハイデガーとアリストテレス

技術の問題を「フィジーク」の問題として捉えるハイデガーの視角は、このようなアリストテレス哲学から大きな養分を得ている。いや、技術論だけでなく、彼の哲学自体もアリストテレスに大きく依拠している。全集のなかにもアリストテレスを論じた講義が多数収録されているし、主著の『存在と時間』は、結末でアリストテレスを論じることになっていた。じつは、現在公刊されている『存在と時間』とは、その部分が書かれずに刊行された未完の書である。

アリストテレスへの依拠は、しかし、哲学の歴史から見ると、異端ともいえる。なぜなら、アリストテレス哲学は、近世と近代には否定されているからである。アリストテレス哲学は、中世までは、西洋のオーソドックスの位置を占めていた。中世の思想家であるトマス・アキナス（Thomas Aquinas）やドゥン・スコトゥス（Duns Scotus）は、アリストテレスの体系に依拠する。しかし、近世や近代の哲学者は、アリストテレスの体系にはしたがっていない。

近世以後の哲学がしたがうのは、デカルトの見方である。彼が行ったのは、アリストテレス体系の否定であった（Kenny 2006）。彼は『方法序説』（一六三七）で、「我思うゆえに、我あり（コギト・エルゴ・スム、Cogito ergo sum）」として「我」を発見したが（Descartes 1637=1987: 32）、これは、精神と身体を二つの異なったカテゴリーとして分離したことでもある（☞59ページ図5）。

アリストテレスは『自然学』と『形而上学』を通じて、自然（ピュシス）を連続して捉えていた。連続の基盤にあるのが、存在を存在として分析する「第一哲学（形而上学）」であり、アリストテレス・システムのなかでは、人間の存在も自然の諸事象も同じ地平で分析される。

デカルトの二元論的世界観とその限界

だが、デカルトは、その連続を否定する。デカルトの「コギト」、「考える我」の発見とは、主体と客体、主観と客観の分離である。そして、客観が自然科学の、主観は人文学の対象となる。この二分法では、「考える我」である主体、主観が中心の位置を占め、特権的に扱われている。一方、アリストテレスの体系のなかに特権的な主体や主観というようなものは存在しない。つまり、デカルトは、「コギト」の発見によって、アリストテレスの体系を根源的に否定したのである。

デカルトの主観と客観の分離は、人間の主体性を確立することである。だが、同時に、それは、人間を自然から切り離すものでもあった。ピュシスが生み出した存在物の一つにしか過ぎない人間の「我」だけを「主観」という特別な位置におき、ほかの存在物を「客観物」の位置においたのである。ハイデガーはこの入れ替わりを「近代の本質」と呼んでいる（Heidegger 1938=2003: 88, Habermas 2019: 59)。

第2章で見たように（☞71ページ）、『人新世とは何か』のなかで、科学論のボヌイユとフレソズは、近代科学とは、自然システムと社会システムの分離であると述べたが（Bonnueil et Fressoz 2013)、それは、このことである。デカルト以降、近代には、人間を扱う学である哲学は、「心」の分析に向かい、主体や認識の問題を攻究する。アメリカの哲学者リチャード・ローティ（Richard Rorty）はデカルト以後の哲学を「心の構築」と呼ぶ（Rorty 1979=2009）。一方、自然科学は、人間の心や認識とは切り離された客体としての自然を扱う。近代の学知は、この二頭立ての馬車で進み、大きな成果を上げてきた。

だが、しかし、それは万能でもないし、随所に弊害が目立つようになった。第1章で、和辻とベルクの風土学について見たが（☞47、55ページ）、彼らは、風土に着目することで、世界には、主体と客体、主観と客観の二元論や、人間と自然の分離という見方ではうまく捉えられない部分があることを主張した。それは、近代科学の限界の指摘である。

ハイデガーの技術論がアリストテレスに立ち返っていることの意味は、ここにある。彼は、近代科学の限界を、アリストテレスに立ち返ることで超克しようとしているのだ。ハイデガーの技術論の独自性はそこにあるし、風土学との共通性もそこにある。技術は、自然と人間のはざまにある。自然と人間を截然と区別する近代科学や、近代哲学の視座では、技術はそのなかで位置付けにくい。人間にも属するし、自然にも属する技術をどう捉えるか。これは、人間にも属するし、自然にも属する風土をどう捉えるかという問いと相同である。

アリストテレスの「エネルゲイア」説

技術をエネルギーの問題として捉える視点には、さらなるアリストテレス体系との密接な関係がある。それは、アリストテレスの形而上学とは、ある意味で「エネルギーの形而上学」ともいえる性質があることである。

エネルギーとは、あるものを可能にする力である。それは、まさにピュシスでありナチュラであるところの自然の「うみなす」「なる」力である。この力によって、あるものが存在するようになることを、アリストテレスは、可能態のなかから、現実態が出来《しゅったい》することであると捉えた。

ギリシア語では、可能態はデュナミス（δύναμις）といい、現実態はエネルゲイア（ενέργεια）というが、この二つの組み合わせで世界を捉える考え方こそが、アリストテレス哲学の根本原理であり、彼の『形而上学』の中心的議論である（Aristotle 1933: 1045b25 ff.）。

現実の背後には、現実とならない可能態があり、現実は、その可能態から出来《しゅったい》したごく一部である。存在とは、存在しないという可能態のなかから、存在が現実化することによって出来した現象である。アリストテレスが、『形而上学』をすべての哲学に先行する「第一哲学」と呼んだことはすでに述べたが、彼が「第一哲学」と呼ぶのは、このデュナミスとエネルゲイアの議論である。

今日、われわれは、何かの出来《しゅったい》を可能にする何かのことを「エネルギー」と呼ぶ。この「エネルギー」という語は、アリストテレスのいう「エネルゲイア」を語源に持つ。高度に発達した現代文明のなかにいるとき、人はエネルギーと無縁に生きることはない。第2章で見たように（☞100ページ）、現代の世界は「化石資源世界経済」におおわれているが、それは近代科学と近代技術がなしえたエネルギー技術のたまものである。その源をたどると、行き着くのは、アリストテレスが、世界を、現実態（エネルゲイア）と可能態（デュナミス）の二つの相として見た見方がある（なお、可能態と現実態の問題は、第2章で見た「経路」における「可能世界」の問題の背後にある考え方でもある。☞103ページ）。

「技術とは「為立」であり、「払隠」である」——テーゼ2

ハイデガーのテーゼの二番目は、「技術とは「為立」であり、「払隠」である」ということである。このなかに含まれる「為立」と「払隠」という彼の二つの造語は、アリストテレスの可能態と現実態という世界の捉え方に対応している。

なぜ技術が「作る」ではなく、「立てる」と関係する造語によって表現されるのか。それは、「作る」とは、「立てる」ということだからである。「立てる」とは、何かを新たにそうさせること、無かった状態を、あった状態にさせることであり、可能態から現実態を出来《しゅったい》させることである。ハイデガーは、何かを出来させるということ、つまり「為立」が技術の本質であるという。

さらに、ハイデガーは、この「立てる」とは、可能態のなかに隠されていた現実態を、その〝隠され〟を「払隠」することで現実とすることでもあるともいう。現実とは、可能態のなかの〝隠され〟を「払隠」し、普遍のなかに個別を「為立」することであるというのだ。

ここでいう普遍とは、プラトンがイデアと呼んだものである。イデアは、普遍であるがゆえに、個別ではない。個別ではないということは、たとえば、美一般というものは、存在しないということである。存在するのは、美一般が、個別により限定された個々の美しいものである。つまり、美という普遍は、美しいバラとして個別に限定され、現実世界のなかに出来《しゅったい》しなくてはならない。ハイデガーは、技術における「払隠」とは、この普遍から個別を出来させることであり、それが「為立」という行為だというのだ。

世界を可能態と現実態の二つの区分から捉える見方は、アリストテレスの見方である。一方、普遍と個別とは、プラトンのイデア論の中心となる考え方である。つまり、ここで、ハイデガーは技術の問題をアリストテレスだけでなく、さらにアリストテレスの師であるプラトンにさかのぼって論じようとしてもいる。（なお、普遍と個物の問題は、次のエントリーでも見る。☞161ページ）。

自然（ピュシス）とオートポイエーシス

技術を「払隠」と見るハイデガーの見方は、ある意味で自然に寄り添うような姿勢である。「払隠」には、自然のなかに備わった力が発露することを助けるだけだというニュアンスもあるからである。とすると、技術において人間が行うことは、自然が自らそうなるのを助けるだけだともいえることになろう。

確かに、ハイデガーは「技術への問い」のなかで、「自然（ピュシス）とは、つきつめて言うと、〝つくること（ポイエーシス）〟だとさえ言える」と述べる（Heidegger 1953=2000: 12）。「自然（ピュシス）」は「うみなす」「なる」と訳すこともできることを紹介したが、それは、ある状態を「つくる」ことでもある。ピュシスとはそもそも、「うみなす」ことを指しているのだから、これは、トートロジーのようでもあろうが、そうではない。ピュシスの根底には、自己が自己を作るというオートポイエーシスともいえる状態があるというのだ。第1章では和辻が風土性の底に「自己が自己を見る」というループを見出していることを見たが（☞52ページ）、ここにもループがある。一般的には、技術とは、自然をコントロールしたり、ものを操作したりすることだと考えられているだろう。しかし、このような見方はそれとは異なる。自然の持つ自律性に目を凝らすと、そこには操作や作為を超越した領域があることを暗示しているともいえる。

だが、一方で、そうなると、人間と自然の関係はどうなるのかという疑問が生まれるかもしれない。あるいは、人間は、自然の一部なのか、自然が「うみなす」「なる」ものであり、自然も

「作っている」とするならば、自然は自ら払隠をも行うということになるが、そうなると、自然の払隠と人間の払隠とは、同じなのかという疑問も生じよう。

ここで、「自然」と「自然物」や「自然界の存在物」の違いをあらためて確認すると、「自然」が払隠をするというときの、「自然」とは「ピュシス」である。先ほども見たように、「ピュシス」とは「自然物」や「自然界の存在物」ではない。「ピュシス」とは、その「自然物」や「自然界の存在物」を、払隠を通じてうみなす作用であり、その意味で払隠そのものである。

人間、技術、自然の関係を考えるとき、人為と自然の関係が問われる。本書のなかではこれまで何度か自然と人為について触れてきているが（☞56、97、117ページ）、この二つはどう区別されるのか。たとえば、動物もある種の技術を持つことがある。動物は、自然物である。では、それが用いる技術とは、「自然」なのか。動物が自然物なら、人間も自然物であろう。では、人間が用いる技術とは、「自然」なのか。

これらの疑問は、ハイデガーの「技術への問い」の議論の第三のポイントとかかわる。

「技術とは真実の発見である」——テーゼ3

すでに見たように、ハイデガーは、「自然物」や「自然界の存在物」を、ひと、もの、いきものに区分し、人間は世界を構築するが、動物は世界に乏しく、ものは世界を欠くと考えた。人間だけが、世界を主体的に構築できるというのである。この三つの区分とは、世界とのかかわりの違いだが、それは、世界における真実とのかかわりでもある。世界とは、意味を持った境域である。世界は、物理的物体の集合ではあるが、同時にそれとは位相の異なる意味の集合した境域でもある。意味の境域との関係が、ひと、いきもの、ものの間で異なっている。

「技術への問い」の最終的なテーマは、「真実」だが、なぜ、「技術への問い」で真実が論じられるかというと、真実も、「払隠」によって見いだされるものであるからである。

真実とは、ギリシア語で「アレーテイア（ἀλήθεια）」というが、それは、「隠され（レーテイア）」が、「ない（ア）」状態である（Heidegger 1927=1972: 33）。この真実を感知できるかどうかの度合いが、ひと、いきもの、ものの間を区分する。

> 技術の本質には、最も高度な意味において、二重の意味性がある。この二重の意味性は、あらゆる「払隠」の秘密、つまり、真実の秘密の中において見出される。
> （Heidegger 1953=2000: 34）

ここでいう技術の本質の二重性は、技術の持つ危険性と関係する。その二重性は、自然そのものには危険性がないが、自然の本質には危険性があるという二重性と同じ構造である。自然（ピュシス）とは、危険なものではない。ピュシスが危険ならば、われわれは安穏に暮らしていられないだろう。しかし、ピュシスに秘められた本質には危険な部分がある。ピュシスは、「うみなす」であり、それは「エネルギー」や「力」である。力やエネルギーは善用も悪用もされる危険性を秘める。

それへのアクセスは、危険を引き寄せることだが、同時に、危険を遠ざけることでもある。ハイデガーは、このような二重性は、技術だけではなく、真実へのアクセスの問題であるという。確かに、真実にも危険性がある。

このエントリーの冒頭で「謎」について述べたが、「謎」とは、真実が隠された状態である。世界の真実は、秘められている。人間は「払隠」を通じて、世界の真実に到達する道を持っている。いきものは、その道が乏しく、ものには、その道はない。

真実へのアクセスとは、ロゴス（知）の問題である。ロゴスとは言語であり、人間は、言語を持つので、世界の真実にアクセスできる。いきものが「世界に貧しい」というのは、いきものが持つ「言語」では、真実へのアクセスの途が限られていることを示す。もちろん、ものはロゴスを持たないので、真実を持たない。ハイデガーは、このように真実へのアクセスの問題を、「払隠」の問題と捉えることで、それが技術の問題でもあることを示す。技術とは単なる作ることではない。それは、人間の、存在論的位置にかかわる問題なのだ。人間の存在論的位置を自然のなかで考えることは、地球環境学の問いであり、風土学の問いである。ハイデガーは、技術を通じてそれを行っている（なお、人間の言語については次のエントリーでも見る。☞164ページ）。

「技術への問い」が書かれた一九五三年時点での先端技術は、核（原子力）技術であったが、その後、技術はさらに高度化した。高度に発達した科学技術は、もはや自然とはかかわりがないように見える。だが、技術の本質が「払隠」である限り、それは、「自然（ピュシス）」「自然物」「自然界の存在物」とのかかわりのなかにおいて存在する現象であり、人間と自然の連続性と不連続性がそこでは問われる。

人間のなかの自然と人為

以上がハイデガーの議論である。技術の問題を通じて、自然と真実の問題へと至った。ここには、自然と人為という截然とした分け方はない。ハイデガーは確かに、世界を構築しうるのは人間のみだと言った。だが、自然が自ら為立をし、払隠をしているのなら、自然の一部である人間が行うところの為立と、自然の一部であるところの自然物の行う為立は連続しているはずである。これらに連続性を見るならば、技術とは、完全に自然の現象でもなく、完全に人為でもないことになる。

従来、技術は環境への正負の影響を発生させる人為として取り扱われてきた。しかし、このハイデガーの技術、自然、真実の捉え方は、技術と自然を二項対立的に考えるのではない。人間存在の行う為立という行為のなかには、自然（ピュシス）と人為というようには切り分けられない要素があることを前提とし、それらをグラデーションのなかで捉える。これは、風土学が提起する非二元論や（☞52ページ）、中動態としての歴史（☞108ページ）とも類似する。

技術はまた、自然を操作するものとしても捉えられてきた。それは科学を通じて現代の社会を規定しているように見える。現代の社会はエネルギー技術に規定され、第2章で見たように（☞100ページ）、「化石資源世界経済」が世界を覆っている。だが、そこに至る経路には、「資源集約型」

だけではない、「労働集約型」の経路もあった。「化石資源世界経済」とはエネルギー技術から導かれた道であり、その底には、アリストテレスのエネルゲイアとデュナミスという世界観がある。一方、労働集約型の経路とは、そのような思考から生まれた経路ではない。オルタナティブとして、この労働集約型の経路を未来に展開するのに際して、その道がどのような原理にもとづくのかを考えるときに、「払隠」という考え方は手がかりになるだろう。

あるいは、この考え方は、ハイデガー自身のひと、いきもの、ものの区分を再考することになるかもしれない。技術がピュシス（自然）の根源を前提とするならば、ひと、いきもの、ものに、それは分有されているはずだからである。人新世の提唱は、人間以外の主体をどう考えるかを問う。その際に、この考えはヒントになるともいえよう。

仮に人新世の開始時期を二〇世紀なかばの「大加速」とすると、コロナ禍は人新世下で起きた初のパンデミックである。そこでは、人間と自然、技術と社会の絡み合った様態が問われているが、それこそが、人新世の特徴である。ハイデガーの技術論は技術のよって来るところを自然（ピュシス）の本質から論じ、コロナ禍のみならず、人新世そのものを考える一つの礎石である。（なお、真実が払隠であるとするならば、真実とは、もうすでに、そこにあるものであり、われわれはそれを見ているのに、それに気付いていないだけということになる。見ているのに、見えていないものの存在を認識し、それを真の意味で見ることが真実へのアクセスであることになる。このような「見る」については、次のエントリーでも検討する。☞154ページ）。

環境と自己――意識空間の構造と言語

井筒俊彦『意識と本質』

　環境とは、自己を取り巻くものである。環境を考えるとき、もっぱら、取り巻くものの側が問題となり、取り巻かれている自己は自明視されがちである。しかし、自己とはいったい何であろうか。自己が存在しなければ、環境は存在しない。とすれば、自己と環境とは、一組の現象であり、切り離せないことになる。環境とは何かを考えることは、自己とは何かを考えることである。

「見る」と自己

第1章で、和辻哲郎の風土学が、〝自己が自己を見る〟構造を前提としていることを見た（☞52ページ）。風土と自己は関係している。和辻は、明示的には述べていないが、このような思考の源泉には西田幾多郎が存在する。西田は、自己という現象の根底にある現象を「見る」ことと関連付けて論じようとした人である。

> 自己の中に自己を映すことが知るといふことの根本的意義である。
> （西田一九二七：二七四）

西田は一九二七年に刊行した『働くものから見るものへ』のなかでこういった。

自覚の底には直に自己自身を見るものがある。
（西田 一九三〇：一二一）

一九三〇年の『一般者の自覚的体系』のなかで彼は、こうもいう。自己や自覚の根本や底には「見る」ということがあるというのである。この「見る」の意義の強調は、彼がそのキャリアの中期の四〇歳代半ばの頃に刊行し独自の体系をなしたといわれる一九一七年の『自覚に於ける直観と反省』にまでさかのぼる。そのなかでは、西田は次のようにいう。

自己が自己を反省するといふこと、即ち、自己が自己を写すといふことは、単にそれまでのことではなくして、此中に無限なる統一的発展の意義を蔵して居る。
（西田 一九一七：二）

つまり、自己が自己を見るということが、自己という現象の底にあり、その境域は、そこからあらゆる自己が無限に発展する可能性を秘めた場所であるというのである。そもそも、その境域は、自己が自己を見るということにより生じる。自己が自己を見るという回帰的な行為が、統一を生じさせるが、その統一は無限の発展を生み出す源泉でもあると彼はいう。

無限については次のエントリーでも見るが（☞168ページ）、自己とは、そのなかに、無限を抱える現象である。もちろん、肉体は生物的物理的現象であり、そこには、生物的物理的限界が存在するが、純粋に現象としての自己だけをとると、そこに果ては存在しない。すなわち、無限である。そして、それが無限である理由は、自己とは自己が自己を見るものであるというところからきている。自己が自己を見るということは、円環である。だから、そこには限りはない。自己の無限性は、自己とは自己が自己を見る現象であることから論理的に導かれる。見るとは、たんなる視覚現象ではない。それは、自己という意識を発生させる原因というべき現象である。

西田の「見る」への注目は、鈴木大拙の「見る」への言及ともつながる。鈴木は『大乗仏教概論』のなかでいう。

見ることは知ることとの基盤である。見ることがなければ、知ることは不可能である。

(Suzuki 1963: 235, ただし引用は Capra 2010: 35 による)

一般的にいって、何かを見ただけで、それを知ることができるとはいいがたい。また逆に、何かを見ずとも、それを知ることはできるともいえる。だが、しかし、鈴木は見ることがなければ、知ることが不可能であるとまでいっている。ここでいう「見る」とは、単に視覚的な目で「見る」というような「見る」ということを指しているのではないことは明らかであろう。

鈴木のいう「見る」とは、西田がいうような、自己が発生する境域における現象である。そこで見られるものは、この後で見るようにイマージュとして見られるいわくいいがたい不定形の何かであろう。そのような不定形の何かを見るという経験が、意識や知覚の底にある。東洋の思想では、見えないものを見ることが重視されているといわれる。だが、そこで問題にされている「見る」とは、視覚的に見るという意味での「見る」ではない。自己を発生させる場ともいえる境域において何を見るかという問題である。

意識という境域

自己の発生の場については、第2章で簡単に見た（☞118ページ）。だが、その境域とはどのような境域か。

東洋であれ、西洋であれ、意識の問題は、哲学が中心的に論じてきた論題である。西洋においては、デカルト以来、心身二元論の下、自然の反映としての精神の在り方が探求されてきた。リチャード・ローティはそれを「心の構築」と呼んだ（Rorty 1979=2009）。デカルトの「コギト・エルゴ・スム」の提唱は一六三七年だが、それを起点とすると西洋の「心の構築」は、約四〇〇年の歴史を持つ。この点については、前のエントリーで詳しく見た通りだ（☞141ページ）。

一方、東洋の哲学も、精神について深く探求してきた。のちのブッダであるゴータマ・シッダールタは、苦しみに満ちた現世からの解脱を解いたが、苦しみとは身体の問題でもあるが、同時にそれは何ごとかを苦痛として感じ取る知覚や精神の問題である。その点からいうと、仏教はその始まりの時点から精神や知覚を問題にしていたといえる。シッダールタが生きたといわれるのは紀元前五世紀から四世紀前後である。それ以来、約二千数百年にわたって、東洋では仏教において、精神の問題が思考されてきた。

仏教のなかでも、大乗仏教は、精神の内部を精緻に構造化して捉えようとしてきた思想体系である。たとえば、ヴァスバンドゥ（Vasubandhu, 世親）の書いた教義の理論書である『阿毘達磨《アビダルマ》・倶舎《クシャ》論』（四〜五世紀頃）は「五位七十五法」と称する（高楠 一九二四―一九三四：№一五五八）。「法」はサンスクリットでダルマであるが、ダルマとは、世界の認識法ないしその要素である。彼によると、ダルマは五つの領域（位）に分かれている。その五つのなかに、「識」という要素が含まれているが、この「識」が、今日、われわれが用いる「意識」や「認識」という語の語源である。パーリ語でヴィニャーナ（viññaṇa）、サンスクリットでヴィジュニャーナ（vijñāna）という。

意識の深層と底

意識は、いくつかの層にわかれている。そのなかで、最も深いところにある層がアラヤ識である。ヴァスバンドゥやディグナーガ（Dignaga, 陳那、六世紀）が活躍した大乗仏教の一流派であるインドの唯識思想においては、識を、眼識、耳識、鼻識、舌識、身識、意識、マナ識、アラヤ識の八つに分ける。そのなかで最も基盤となるのがアラヤ識という境域であり、それは、万物が発生する機となる場所である。

唯識論の「アラヤ識」という語を用いて、言語とイマージュの関係を論じたのが、イスラム神秘思想に通暁した東洋哲学者の井筒俊彦であった。その著『意識と本質』で、井筒は、「言語アラヤ識」という述語を新たに創出し、意識の底にある言語を生み出す領域の構造を明らかにしようとした。

底の知れない沼のように、人間の意識は不気味なものだ。それは奇怪なものたちの棲息する世界。その深みに、一体、どんなものがひそみかくれているのか、本当は誰も知らない。そこから突然どんなものが立ち現れてくるか、誰にも予想できない。人間のこの内的深淵に棲む怪物たちは、時として――大抵は思いもかけない時に――妖しい心象《イマージュ》を放出する。そのイマージュの性質によって、人間の意識は一時的に天国にもなり、地獄にもなる。

（井筒一九八〇＝二〇一四：一七三―一七四）

冒頭の引用で西田は「底」という語を用いていたが、ここでも井筒が同じように「底」という語を用いていることは興味深い。底とは、何かの下の方にある場所を指す。地球上では、上下は太陽の位置によって決まり、上は太陽から相対的に近い位置、下は遠い位置を指す。太陽から遠いとは光源から遠ざけられているということである。すなわち、そこは、闇に近い領域である。光は見えることを可能とする。井筒が「底」というとき、そこは光のある場とはものの見え方が異なることが前提とされている。

「底」という西田と井筒の比喩が、興味深いのは、仏教の経典では、闇ではなく光が強調されることが多いからである。仏教の経典では、意識の構造は、諸仏である「如来（tathagata）」や悟りを目指す「菩薩（bodhisattva）」たちの存在場所として比喩的に描かれる場合が多いが、その場合、光に満ち溢れた場所として描かれる。『法華経』や『華厳経』が描く、如来や菩薩たちの場所は、黄金や宝石によって荘厳され、花々の芳香が漂い、鳥たちのさえずりが聞こえる境域である。すなわち、大乗仏教では、精神の内部は光があふれる位置として描かれているともいえる。しかし、西田や井筒の捉え方はそれとは異なっている。むしろ、闇の領域である。その理由は、もしかしたら、西田や井筒が近代人であり、近代人の自我の苦悩を持っていたからかもしれないが、仏典と近代の東洋の思想家の表象に見られる光と闇の対比は興味深い。

あるいは、西田も井筒も、精神の内部をある空間的なものとして、描いていることにも意味を見出すこともできよう。デカルトや、ヘーゲルや、カントや、フロイトなど、西洋の思想家も、精神の内部を空間的な比喩を用いて叙述はするが、しかしどちらかというと、純粋に論理的な構築物として捉えているように思われる。それに対して、西田や井筒がより生々しい空間性を持った境域として精神の内部を描くのは、仏教の経典の叙述の在り方を引き継いでいるともいえる。精神の内部に空間性を見出し、それを下降のイメージで描くことは、村上春樹の小説にも見られる。村上は、しばしば、彼の小説は、西洋の読者に、東洋的だといわれることがあるが、自分では、それがどうしてなのかわからないと述懐するが、もしかしたら、精神の内部の空間性のモチーフが、東洋的な感覚を西洋の読者にもたらしているのかもしれない。

意識とイマージュ

井筒は、精神の底である「言語アラヤ識」がイマージュと結び付いていることを重視する。言語という現象の根源には、イマージュがあり、そのイマージュが言語という現象を規定しているというのである。イマージュは人間の根源的な非言語的領域とつながっているが、その非言語的な領域の存在が言語というものを可能にしている。

井筒が言語の底にあるものを指すときに、イマージュという語を用いているのは、先ほど見た西田の「見る」という問題ともかかわる。イマージュという語は、日本語では「画像」「像」などと訳されるが、画や像という具体物であるというよりも、むしろ〝見られたもの〟というような漠然とした語の方がその含意を伝えるのに適切であるように思われる。

ただし、ここでいう「見る」とは、目で見るということに限られない。井筒が、「言語アラヤ識」のなかにイマージュがあるというとき、そのイマージュは視覚的に見えているのではない。もっと、根源的な「見る」で、西田が問題にしたような意味の「見る」である。夢を「見る」というとき、その夢は目で見られているわけではない。イマージュが見られるというときの、「見る」とは、夢を見るというときの「見る」という語の使い方に似ている。イマージュは、目で見られるだけではなく、目以外のものによっても見られる。そのような、目で見られるものと、目では見られない見られるものを総称したのがイマージュである。

それは、確かに見えているのだが、何が見えているのかをはっきりと表現することはできない。それが、はっきりと表現されたとき、それは、記号としての役割を帯び始める。そこには、表現という行為があり、表現という行為には、シンボル性の創出が随伴している。

本質と言語

井筒の著書のタイトルは『意識と本質』だが、彼がそこで明らかにしようとしたのは、モノが持つ「本質」のことである。ひとが、モノを捉えようとするとき、ひとは、そのモノをそのモノそのものとして認識することはできない。ひとは、そのモノを必ず、言語を通じて認識する。モノはモノだけでは意識のなかに登場しえない。それは言語として定着されなければならない。その際に、前提となるのが、モノの本質である。ひとはモノの本質を、言語を通じて捉えることで、モノを把握することができる。いや、人が言語を使用することのなかに、モノの本質を言語化するという機能がすでに組み込まれている。

ものと名の問題について第1章で触れたが(☞44ページ)、アリストテレスは、あるモノをモノとして言語化する際に、基本となる二つの言語的要素を、ヒュポケイメノンとカテーゴリアと名付けた(Aristotle 1933: 999a15ff, 1017b10ff.)。ヒュポケイメノン(ὑποκείμενον)は、「基体」あるいは「主語」と訳され、カテーゴリア（κατηγορία）とは、「述語」と訳される。言語には、主語と述語が存在する。なぜ、言語は主語と述語を必要とするのか。それは、主語と述語がモノの本質と関係しているからである。

あるモノが、そのあるモノとして、人間の意識のなかに存在するためには、そのあるモノが「主語と述語」として捉えられなくてはならない。主語と述語は、言語現象における必須のカップリングで、言語において、主語だけでも、述語だけでも存在することはできない。第１章で見たベルクの風土学の「通態の連鎖」は、この主語と述語の関係にもとづいている（☞60ページ。なお、「通態の連鎖」については、この次のエントリーでも見る。☞169ページ）。

「このもの」性と「何」性

「ＡはＡである」というとき、そのＡは、「Ａである」という形でカテゴライズされている。西洋中世の哲学では「これ」が「これ」であることを「このもの性（ヘクセイタス、haecceitas）」という（Leibniz 1995: 42-43, 125; Mittelstraß 1995a: 21）。一方、モノには、「このもの性」という、個別の、それ自身であることという性質以外に、それが何であるかという性質もあり、それは、「何性（クイディタス、quidditas）」といわれる（Schwemmer 1995: 446）。具体例をあげるなら、「このもの性」とは、ここにいる個別の犬のことであり、「何性」とは、その個別の犬が「犬」という普遍物でもあることである。犬の「このもの性」だけでは、それが犬なのかどうかは決定されない。「このもの性」だけの、その個別の犬は、犬ですらなく「このもの性を持つこのもの」でしかない可能性もある。それが犬であるためには、その犬が、ヘクセイタスだけでなく、クイディタスをも持っている必要がある。

いいかえると、あらゆる「これ」は言語のなかで「これ」だけでは存在することはできず、「これはこれである」という形で認識されている。「これ」は、言語において「これ」だけでは存在することはできない。「これはこれである」という形がなければならない。

人間の認知スペクトラムのなかで、指示代名詞の理解が難しいタイプの人がいる。そのような人は「これ」「あれ」「あそこ」という形でされると混乱をきたしがちだという。そのような人たちは「発達障害」といわれたりもするが、それは正しくない。その人たちが障害を持っているのではなく、それ以外の認知を持ついわゆるマジョリティによって社会が構成されているので、そのような認知を持つ人が害を被っているのだ。むしろ、その人たちは被害者である。ともあれ、その「これ」といわれてその「これ」が何を理解するのか難しいタイプの人たちの認知においては、もしかしたら、「このもの性」がうまく意識のなかで言語的に構造化されていないのかもしれない。「このもの性」つまり、主語の対であるのは、述語という「何性」である。「このもの性」が個別性の問題だとしたら、「何性」とは普遍性の問題である。

述語の問題

西田が「見る」ことを問題にしたのは、当初は直観を論じるなかであったが、その西田の分析は、見ることを通じて、自己や自覚の問題に至った。西田の中期哲学は「述語の論理（場所の論理）」といわれるが、その述語とは、あるモノの本質を主語として捉える捉え方とセットになった捉え方としての述語である（西田 一九二七）。さきほどの用語でいうと、ヒュポケイメノンとカテーゴリア、ヘクセイタスとクイディタスの問題である。つまり、西田は、古代ギリシアのアリストテレスと西洋中世のスコラ哲学以来の論題を論じている。第1章でラッセルやクリプキが名とものをめぐる問題に取り組んでいることを述べたが（☞47ページ）、西田もまた同じ問題に取り組んでいた。

西田は、その哲学探究のなかで、イマージュについて述べるところは少ないが、西田の「見る」が起こっている場所とは、井筒のいう言語アラヤ識に相当する場所であり、だとしたら、そこで起こっている「見る」とは、自己を見ているだけではなく、様々なイマージュを見ているはずである。西田の思想とは、そのようにして、古代ギリシアの哲学や中世西洋のスコラ哲学が論じてきた問いを、見えないものを「見る」という東洋の思想の伝統をもって論じようとしたところに特徴があるといえる。

言語とイマージュ

言語のない世界はイマージュの世界であり、そこから言語が析出する。シンボルは、イマージュから生まれ、そして固定される。それは、システムが、サブシステムを生み出すことである。システムとサブシステムの問題で考えると、その過程は、非＝生命から生命が析出したのと同じ過程でもあろう。四六億年前に誕生した地球に、三七億年前に生命が誕生した。それは、非＝生命のなかのわずかな差異が、一〇億年という時間をかけて差異化を繰り返し、生命に至ったものである(Smith and Morowitz 2016)。

イマージュからのシンボルの発生も、同じ発生のモメンタムのなかで起こったと考えることができないだろうか。ホモ・サピエンスに言語が発生したのがいつかはまだよくわかっていない。言語の発生をシンボル（記号）の発生と読み替え、シンボルと見なされる遺物が発生した時点で言語が発生したと考えるならば、幾何学的模様が描かれた粘土やビーズ状に加工された貝殻などが遺跡で見出される時点が言語の発生時期となる。かつてはヨーロッパにおけるラスコーやアルタミラなどの遺物から二一五万年前に言語が発生したと考えらえていた。最近ではアフリカのより古い段階の遺跡・遺物の発見からそれより数万年から十数万年さかのぼるとも考えられるようになっている(Tallerman and Gibson 2012: 29-32, Dunbar2016: 261ff., Hinzen and Sheehan 2013: 255ff.)。

ホモ・サピエンスの地球上での出現は二〇万年くらい前だといわれている。当時のホモ・サピエンスは現代に生きている人間と同じ種であるから、二一世紀の人間と同じ身体を持っていた。二〇万年前のホモ・サピエンスが現代にやってきて、服を着て隣にいても、見分けはつかないはずである。しかし、その二〇万年前のホモ・サピエンスは現代の人間と一つだけ違った。その彼ないし彼女は「話さない」のである。もちろん、その二〇万年前のホモ・サピエンスも広い意味では「話していた」。だが、それは、現在考えられているような「話す」とは異なる（Hinzen and Sheehan 2013: 260）。そこには言語は存在せず、そのような言語が存在しない状況のなかで彼らは、コミュニケーションを行っていた（この点については次のエントリーでも見る。☞179ページ）。

二〇万年前にホモ・サピエンスが地球上にあらわれてから、数万年ないし十数万年の間、ホモ・サピエンスは言語というシンボルを持たず、その間、人類の祖先は言語なしで「話して」いた。そのとき、彼らの脳内にあったのは、言語ではなく、イマージュだっただろう。ホモ・サピエンスは、二〇万年前の出現の時点で、すでに現代と同じだけの大容量の大脳を持っていた。その脳内に、あまたのイマージュが発生した。その脳内のあまたのイマージュの差異が、差異化を繰り返し、数万年あるいは十数万年経過することで、言語が析出した。そう考えると、自己とはイマージュと言語の共進化の産物であるともいえよう。

シンボルは、モノである。言語が進化するとは、そのモノであるところのシンボルが体系化し、システム化することである。人間の認知は、その意味で、モノの進化とともに発展してきた。言語を人工物だと考えると、それとともに共進化してきた人間の認知そのものも人工物である。一方、前のエントリーで見たハイデガーの「為立」という考え方を援用するならば（☞130ページ）、それは、自然（ピュシス）の行う「うみなす」作用でもあるので、完全に人工物でもない。ここに、自然のなかの人間の特異な位置がある。

脳の構造と脳科学

いま、脳科学の世界では、脳の状態を可視化する様々な装置や機械が開発されている。電気や磁気などの物理的科学的手段を用いて、脳の活性化の度合いを測定し、それと知覚、感覚、情動などの精神状態と結合をさせる研究が飛躍的に進んでいる。代表的なのが、機能的磁気共鳴画像装置（fMRI, functional magnetic resonance imaging）と呼ばれる機械だ。そのような機械を用いて採集された脳の物理的状態のデータと、聞き取りで得られた精神の内部の状態をＡＩを用いて大量学習させれば、モノとしての脳と非＝モノとしての精神を結び合わせることも可能になってきている。

運動に関してはすでに、様々な事例があり、神経のダメージによって機能が低下し麻痺した身体を助ける技術の開発が進んでいる。脳に埋め込んだチップとコンピュータを連結させ、思考により生じた電気信号をコンピュータ上のカーソルの動きに変換することで、脊髄損傷で手を動かすことができなくなった人が、脳内で文字を書くカーソルの動きをイメージするだけで、コンピュータ上に文字を書くことができたという事例が報告され世界を驚かせた（Willett et al. 2021: 249-254）。運動に関しては、すでに機械が脳と結び付くことで、様々なことが可能になっている。精神の内部の感情や思考は、運動とは異なる現象であるが、同様の技術を用いると、人は、脳内の内容を互いにダイレクトに伝えあうことができるようになり、そうなるとイメージを伝達する際に言語が必要ではなくなるのではないかという脳情報学の専門家もいる（神谷二〇二一）。

これまでは、心のなかのイマージュを見ることができるのは、本人だけだった。しかし、技術が進んだとき、ある人のイマージュを、他人が「見る」ことができる状況も近づいてきている。そのような世界はどんな世界だろうか。そこでは、イマージュがイマージュとして互いに交錯する。そこには、シンボルや言語は介在しない。自己とは、自己が自己自身を見ることで生じる現象であり、自己を自己として見るものが自己となる。その「見る」が行われる場所が、イマージュの存在する境域だが、そこに他者がダイレクトに現れる可能性があるとき、いったい、自己とはどうなるのだろうか。

環境における二者のカップリング

二つのものが存在するとき、そこには必然的に、あるカップリングが生まれる。そのカップリングとは、お互いがお互いの動きを前提とするダンスにもたとえられる（von Weizsäcker 1997）。そこでいう二者とは、任意の二者である。そこに関係があるかないかは、関係ない。二者が存在する限り、常に、その二者は関係を持つ。なぜなら、この宇宙という世界は限られた空間であり、そこに存在するあらゆるものは、その存在を通じて互いに影響を与え合っているからである。

一見、互いに無関係なAとBがあるとする。Aが動く。すると、そのAの動きは、AとBの関係を変え、そのAとBの関係が変わったことで、Bが持つAとの関係性を変えてしまう。関係性により生み出されるダンスである。二者が存在すれば、その関係性は必然的にダンスになる。

イマージュの世界にあらわれた自己と自己。その二者が織りなす関係のダンスを自己だとするならば、そこに他者が参入したときに生じるダンスもまた新たな自己である。ダンスとは、ある場においてでなくては踊られないが、自己とは、そのような踊りが踊られる場である。自己のなかには、そもそも、そのような場、つまり環境が含みこまれていた。そうして、そのような環境と自己との相互作用のなかで自己とは織り上げられてきた。

自己とは、ある場を前提とした現象である。それは常に変わり続ける場である。今現在の自己は、二〇万年前に地球上に出現したホモ・サピエンスが持っていた自己とは異なるし、数万年あるいは十数万年前に言語を持ち始めた頃のホモ・サピエンスが持っていた自己とも異なる。その自己には、ある時点から、言語という、モノであり、道具であり、人工物であると同時に自然でもあるものが関連し、共進化してきた。それは今後もそのまま変わり続けるはずだ。新たな技術の登場で変わる自己とは、そのような進化の途中にある自己である。

人類と無限

マイケル・トマセロ『思考の自然史』

無限・有限・環境

本書の最後に無限について考えてみたい。なぜ、環境について論じているこの本で、無限が問題になるのか。環境と無限とは一見するとかかわりのないもののように見える。だが、無限と環境とは大きく関係している。

第一に、環境は有限であり、この地球も有限である。しかし、その地球というもののなかに無限を見たことで、地球環境問題が生まれている。だとしたら、環境と無限とは切っても切り離せないことになる。無限を見るのは人間だけだ。地球環境問題を引き起こしたのが人間であるとするならば、その底には、無限というものを見る人間というものがある。

第二に、本書のなかで、すでに無限が何か所か登場している。風土、自然、ピュシスの根源に無限がある。和辻は風土とは、自らの外に出ている自らが自らに対峙するところから生じるといったが、これは、見るものが見るという無限を生み出す。ベルクの風土学における、「通態の連鎖」は、無限に続く。ハイデガーは、ピュシス（自然）が、自らが自らを生み出すというが、これにも際限はない。つまり、風土という現象、自然という現象の底には、無限がある。

環境と無限とは深くかかわっている。とはいうものの、無限とは人間にとって、捉えがたいものでもある。それはいったい、何だろうか。

死と無

無限は、宗教的思考に人を誘うものであり、あるときには恐怖を誘うものでもある。無限に似たものに無がある。無も同じように宗教や畏怖と関係している。人間にとって死がおそれの対象なのは、無と関係しているからだという説がある（Lacey 2005）。その説によると、死そのものはおそれの対象ではなく、死が無であると捉えられるときに死への恐怖が発生するという。

死にはいくつもパラドックスがある。たとえば、自分の死を体験することはないのに、人は死をおそれる。自分が体験するのでなければ、それは、おそれる必要がないはずである。しかし、人は自分の死を、それを自分が体験しないにもかかわらず、おそれる。

死と無に関するパラドックスもある。先ほど見たように、人は死後、つまり未来の無をおそれる。しかし、人という存在を考えたとき、その人の存在の以前と以後には、同じ無があったはずだ。そのひとの存在以前とは、誕生以前である。第２章では、これを「父母未生已前」と呼ぶ考えに触れた（☞118ページ）。死が無であれば、この誕生以前の「未生」も無である。だが、普通、人は、これをおそれることはない。誕生以前の過去の無はおそれないのに、死後の未来の無をおそれるのはどういうことか。これもパラドックスである。

だが、ここで人がおそれるのは、無だろうか。それとも、無限だろうか。意識は無限であるともいえるのだから、無限である意識は、すでにそこにある無限を恐れる必要はないはずだ。だとしたら、逆におそれの対象は無限ではなく、有限であり、意識という無限が、ものの世界という有限の境域に回収されてしまうことが恐怖であるのだろうか。寂滅以後、父母未生已前は、無ともいえるし、無限もいえる。それを永遠と呼ぶ人もいるかもしれない。

サンサーラとニルヴァーナ

仏教では、死は無とではなく、無限と関連付けられて論じられる。カギになるのがサンサーラ（saṃsāra）とニルヴァーナ（nirvāṇa）という概念である。サンサーラとは輪廻と訳される。もの以外のいきものは、すべて輪廻を繰りかえす。仏教の考え方は、五道と呼ばれる「人、天、畜生、餓鬼、地獄」の世界が存在し、もの以外のいきものは、死後、そのいずれかに再び生まれると考える。これが、車輪のように無限に繰り返される輪廻である。ここでいう世界は、現世であり、現世には苦が存在する。苦が存在する現世に無限に生まれ変わり続けることは、苦痛でしかない。そこからの解脱が仏教の目指すところである。

解脱した先にある境域がニルヴァーナである。ニルヴァーナは、涅槃と訳される。そこには、いっさいの苦がない。安楽の世界だが、その安楽とは、輪廻から逃れること、すなわち、無限から逃れることによる。入滅、すなわち死が涅槃と訳されることもあるが、死が苦から解脱するものならば、それはまさに涅槃であろう。ただし、苦から解脱しえず、輪廻のなかに留まる限り、入滅イコール涅槃ではない。

歓喜としての永遠

ドイツの思想家フリードリヒ・ニーチェ（Friedrich Nietzsche）は、『ツァラトゥストラはかく語りき』（一八八三―一八八五）のなかで、無限の問題を扱っている。それをニーチェは自伝『この人

図９　カスパー・フリードリヒ「雲海上の旅人」

出所）ハンブルク美術館（https//www.hamburger-kunsthalle.de/）

を見よ』で「永遠の再到来の思想（Ewige-Wiederkunfts-Gedanke）」と自称する（Nietzche 1969: 574）。無限の再到来ともいえるだろう。『ツァラトゥストラ』は、拝火教の開祖であるゾロアスターと同じ名を持つツァラトゥストラという三〇才の男が、遍歴を重ねるなかで世界を発見する過程を描いた一種のセリフ劇である。その劇的な構成ゆえに、後にワーグナーによって一八九六年に同名の交響曲として音楽化されている。

遍歴による世界の意味の発見は、一八世紀から一九世紀後半のドイツの思潮であるロマン主義の大きなモチーフで、ゲーテの『ヴィルヘルム・マイスターの修業時代』（一七九五—一七九六）や、『ヴィルヘルム・マイスターの遍歴時代』（一八二九）も、同じモチーフを持つ。その遍歴には、山々や自然が大きな意味を持つ。ニーチェの『ツァラトゥストラ』の副題は「全と無のための書」だが、彼の自伝によれば、当初は「時間と人間から六千フィートの彼方で」だった（Nietzche 1969: 574）。六〇〇〇フィートとは約一八〇〇メートルだが、山の高みを示す。第2章でも触れたが（☞

83ページ)、ドイツ・ロマン主義の画家カスパー・フリードリヒの作品に、岩塊上に立ち、ステッキをついて、眼下に広がる雲の海を眺め渡している若い男を描いた「雲海上の旅人」(一八一八)という絵画があるが、それも、この世界観を典型的に表している(図９)。山が霧に覆われているところは、ハイデガーの「払隠」を思わせる(☞129ページ)。

ニーチェは、無限回帰を「肯定の最上の形態(Die höchste Formel der Bejahung)」と呼ぶ(Nietzche 1969: 574)。無限とは、確かに、おそれの対象ではあろう。しかし同時に、無限とは、ある種の歓喜である。不死鳥のように、再生することとは、ニーチェにとってあらゆるものを肯定することに通じるものであった。

ものと有限

ものについて考えるならば、この世に存在するものは無限ではない。無限に多いように思われるものはあまた存在するだろうが、それは、無限に多いように思われるだけであって、この世界に存在するものは数え上げることができる。ものとは、そのようなものである。宇宙にあるものは無限に多数のように思われるだろうが、しかし、今、この瞬間を切り取ったとき、宇宙にあるものを数え上げることはできるはずである。

宇宙は、ものから成り立っている。どれだけ数が多かろうと、ものは数え上げることができる。ものは、無からは生じることはない。存在としての宇宙は、物理的存在であり、そうであるから宇宙はすべてものでできているはずである。そして、ものは無から生じることがないのであるから、ものとは、宇宙の始まりから存在したはずであるだろう。

今日の科学では、宇宙の始まりは、一三八億年前のビッグ・バンであると考えられている。そのときに、高温高密度のあるエネルギーのかたまりがあり、そのエネルギーのかたまりが拡散し続けることで、ものが生じ続けた。この一三八億年という年代は、一九一七年にオーストリアの物理学者アルバート・アインシュタイン（Albert Einstein）が発見した真空中のエネルギー密度を示す宇宙常数ラムダΛと、アメリカの天文学者エドウィン・ハッブル（Edwin Hubble）が一九二九年に発見した光速に関するハッブル常数Hを用いた宇宙の膨張に関する計算によって導かれている（Rowan-Robinson 2004: 83-84）。純粋に理論的に導かれたものである。だが、もし、放射性同位体分析のような物質内の何らかの作用によってその年代を測る方法が超長期の過去におけるそれに延長されることになったならば、この世のあらゆるものを構成しているものの年代はこの一三八億年以前にさかのぼることはないことが明らかになるに違いない。

数と無限

数学的な無限は、近代には、空間と時間の問題として扱われた。近代は、空間と時間を世界の最も基礎となる単位であると考えていた時代である。ドイツの哲学者イマニュエル・カント（Immanuel Kant）が『純粋理性批判』（一七八一―一七八七）で、理性の根源である超越性を空間と時間をめぐるアンチノミー（二律背反）から論じようとしたのは、それを示している。一方、現代あるいは後期近代の今日では、空間と時間は決して世界の規定要因とは考えられていない。アインシュタインの相対性理論（一九一五―一九一六）は、時間と空間が融合した「時空（スペース・タイム、spacetime）」がこの世界の基盤にあることを前提としているし、人文学における言語論的展開を導いた哲学者ルドルフ・カルナップ（Rudolf Carnap）の『世界の論理的構築』（一九二八）は、空間でも時間でもなく、論理によって世界が構成されていることを論じる（Carnap 1928=1998）。だが、それ以前の近世から初期近代には、空間と時間の絶対性が思考を支配していた。

そのようななかで無限は、数学的には、空間と時間を分割するものとして出現した。微分法や積分法である。ドイツの哲学者ゴットフリート・ライプニッツ（Gottfried Leibniz）とイギリスの数学者物理学者のアイザック・ニュートン（Isaac Newton）がこの方法を一七世紀末から一八世紀初頭に発明した。どちらが先かということで、ライプニッツ派とニュートン派が争い、後者がライプニッツを剽窃であるとして批判するという事件も起こったが、現在は、ライプニッツはニュートンとは別個に発見したことが明らかになっている（Antognazza 2018: 7）。

ライプニッツとニュートンが発見したこれらの方法を、英語ではインフィニテシマル（infinitesimal）というが、このインフィニト（infinite）とは無限を意味する。インフィニテシマル（infinitesimal）はミニマル（minimal）やマキシマル（maximal）と同じ状況に関する副詞であることを示す mal という語尾を持ち、数学用語としては〝微積分法の〟と訳されるが、〝無限小の〟と訳されることもある。ここでいう、微積分とは、空間と時間を無限に小さく分割する計算方法である。そこにおいては、空間と時間の絶対性が前提となっている。

だが、この数学における空間と時間も、相対性や言語論的展開と同じような挑戦を受ける(Russel 1903: 259 ff.)。無限は、果たして空間や時間の無限の分割として捉え得るのか。そこで、出現したのが、無限を集合の問題として捉える捉え方である。ロシア出身でドイツの大学で教鞭をとったゲオルグ・カントール(Georg Cantor)は集合の繰り返しのなかで無限を扱う方法を生み出した。無限とは繰り返しである。繰り返しが無限を生む。

物質の世界は有限であるのに、そこで繰り返しが行われると無限が生じるのはなぜであろうか。それは、繰り返しが出来事であるからであろう。ものの世界と、出来事の世界とは位相が別である。出来事の世界とは出来事を語ることと切り離せないので、それは認識や認知とも切り離せない。つまり、繰り返しが生む無限とは、ものの世界の問題というよりも、ものとは別の世界の問題であるともいえる。無限は、この世界のなかにおいては存在しない可能性がある。もしそうなら、無限はどこに存在するのだろうか。

推論と無限

アブダクション(abduction, 仮説的推論法)という思考の方法がある。これは、推論の形式に関する形態分類の一つで、インダクション(induction, 帰納法)でも、デダクション(deduction, 演繹法)

でもない第三の道である。インダクションもデダクションも、科学の基礎である。それらは論理により導かれる。しかし、その論理以前に「それが正しそうである」という直観が導くものがあるのではないか。アメリカの哲学者パースはそう考えた（Peirce 1903=1998: 205 ff.）。そして、アリストテレスが『分析論前書』で、三段論法の論証方法として言及したアパゴーゲー（ἀπαγωγή）という概念に注目し（Aristotle 1938: 69a20）、それをアブダクションとして定位した。

パースの思想は、プラグマティズムと称される。プラグマティズムとは、「使用による合理性」ともいわれる。それが合理的に使用されている限り、それは合理的である。その合理性は、その使用が合理的であることが決める。合理性は、超越的に決められるという考え方もあるし、合理性は理性により決められるという考え方もある。しかし、プラグマティズムは、そうは考えない。世界は、合理的だからこうなっているのであり、合理的になるために世界はこのように設計されたのではない。それは、目的論を排する。

イギリスの哲学者デイヴィッド・ヒューム（David Hume）は『人間本性論』（一七三九）のなかで、事実命題から価値命題を導くことは不可能であるとした。だが、プラグマティズムの立場に立てば、そうではない。「ある」ことは「そうであるべき」ことである。つまり、事実命題は、価値命題をそのなかにすでに含んでいる（西田幾多郎も似た考え方をしている。☞182ページ）。

ニューロサイエンスと認知科学に哲学からアプローチしているパトリシア・チャーチランド（Patricia Churchland）は、このアブダクションの底には、パターン認知が大きな役割を果たしているという（Churchland 2009）。パターンを認知し、それをアナロジーによって他と結び付ける。アナロジー（類推）とは、人類の世界認知の基本方法である。フランスの人類学者フィリップ・デスコラ（Philippe Descola）によると、アナロジーは、トーテムズム、アニミズム、ナチュラリズムとならぶ四つの基本的世界認知の方法の一つである（Descola 2005）。

あるものが、合理的であるかどうかというアブダクションの根底には、パターンの認知がある。過去に合理的であったものとパターンが同じである限り、認知はそれを合理的であるとする。無限とはパターンである。とするならば、人間が、あるパターンを無限であると認知するのが可能であるのは、人間の認知のなかに、無限というパターンがすでに織り込まれているからであることになる。

この人間の認知のなかにすでに存在する無限というパターンが、自然、ピュシス、風土のなかにある無限のパターンであると考えられないだろうか。このエントリーの冒頭で見たように、和辻哲郎は、風土性は主体が外に出て自らを見ていることから来ると考えた。見るものが見ていることは、無限の回帰性を生み出す。オギュスタン・ベルクは、風土とは通態の連鎖のなかで、リアリティが主語と述語の連鎖から生み出されるものであると考えたが、これも無限である。さらに、ハイデガーは、そもそもピュシス（自然）とは、自らが自らを作るものであると考えた。自らが自らを作ることとは、終わりなく続くことでもある。無限というパターンが存在するのは、これらが人間の認知のなかに構造化されていると考えられないだろうか。

協働という無限

言語の発生については前のエントリーでも見たが（☞164ページ）、進化認知学は、人間が協働する意思を獲得したときに言語が生まれたという。協働する意思とは、ある目標を立て、それに向かって働くということである。ある目標を立て、それに向かって働くとは、共同で何かを作り上げるという作業であり、同時に、そのためのコミュニケーションが必要となる。そのコミュニケーションが言語を生んだというのである。

ドイツのマックスプランク進化人類学研究所を率いるマイケル・トマセロ（Michael Tomasello）は、人間の認知の歴史を述べるなかで、協働が先にあり、言語は後に生まれたという。言語があったから、協働が可能になったのではなく、協働があり、それに付随するものとして言語が出現したというのである（Tomasello 2014: 152）。考えてみれば、協働は言語がなくても可能である。二人の人がいたとして、目標が共有されていれば、言語無しでも、ある程度の作業はできるだろう。もちろん、コンピュータを組み立てることは不可能ではあろうが、簡単な小屋を組み立てることくらいは、目くばせや、身振り手振りで可能であろう。言語は目標の複雑さに応じて必要とはされるだろうが、初発の段階を考えると、協働への意思の存在が重要なのであり、言語はその必要条件ではないだろう。

その協働とは何か。それは、相手の意思を読むことである。相手のなかに主体を見ることである。相手の主体性をみとめ、それに自己の主体性を同調させることである。そして、そのような、相手の主体性を認めるという主体性を相手のなかにも認めることである。その相手の主体性を認める主体性を認める相手は、また、その相手の主体性を認める主体性を認める主体性をこちらにも認めるであろう。と同時に、これは、無限である。この過程は無限に続く。この繰り返しが、協働の正体であり、それが協働を生み、言語を生んだ。とするならば、まさに、無限が人間を生んだ。タルコット・パーソンズ（Talcott Parsons）やニクラス・ルーマン（Niklas Luhmann）は、この過程に含まれる二重の偶然性が社会性の起源であるという。

ホモ・サピエンスがアフリカで発生したのは約二〇万年前だといわれ、言語の出現は十数万年前から数万年前の間だといわれている（☞164ページ）。もし、言語の発生と無限の発生が関係しているのだとしたら、無限の歴史とは、長く見積もって二〇万年の歴史であるといえるだろうか。いや、無限の歴史は、二〇万年ではなく、やはり無限なのだろうか。このパラドックスも、また解かれるべきパラドックスでもあるかもしれない。

「自起」、縁起、始まりの始まり

無限の起源はどこにあるのだろうか。それは、どのように始まるのだろうか。始まってしまえば、止まることがなく、次々に続き、終わりもないものの始まりを捉えることはできるのだろうか。無限には、終わりも始まりもないのだろうか。

ハイデガーは、始まりという現象を「自起（Sichfangen）」という造語で表現した（Heidegger

1941=2005: 13)。彼は、「始まる」は、「始める」のような他動詞ではなく、自動詞だと思われているが、しかし、じつは「始まり」のなかには、「自ら」が自らを「起こす」というメカニズムが埋め込まれているという。ハイデガーは、それを「つかまえる」や「とらえる」という意味の「ファンゲン（fangen）」という語に、「ジッヒ（sich）」という再帰代名詞を接頭辞として加えた造語で表現しようとした。そこには、自らが自らをつかまえるというニュアンスがある。

ドイツ語で通常「始まる」というときには「アンファンゲン（anfangen）」という動詞を用いる。これは「ファンゲン」に「アン（an）」という接近のニュアンスの接頭辞が付加されているが、どちらかというと、始まりを外から見ている感じがする。一方、ハイデガーのいう「ジッヒファンゲン」は、始まりの内部で起こっている現象に目を凝らしている感じがある。ジッヒは再帰代名詞なので、「自らに、自らを」というニュアンスある。始まりとは、自らが自らをつかまえることによって自らを起こすことである。このエントリーでもうすでに何度も述べてきたが、和辻哲郎は、風土の根底に外に出ている自己が自己に対峙している構造があるという。そこでは自己が自己を見ているが、「見る」も一種の「つかまえる、とらえる」だとすると、それは、ハイデガーのいう「自起（ジッヒファンゲン）」と重なる。

自らが、自らを起こすとき、一つの「自」のなかに、「起こす自」と「起こされる自」が存在することになる。「自」を自己同一性と考えると、これは「自」が二つに分裂していることになる。だが、そもそも「自」とはそのようなものであり、自らが自らと同一化することつまり、自らが自らをとらえることが、存在の始まりであるとハイデガーはいう。存在は、その存在がその存在であると自認することで存在になるというのだ（Heidegger 1957=2006: 47-49）。さらに、ハイデガーは、意志の正体はそのようなものであるといい、「意志することの意志とは、自己自身（sich sebst）であろうとする意志である」と、ここでも、ジッヒ（sich）という再帰代名詞を用いてそれを表す（Heidegger 1941-42=2009: 105）。

西田幾多郎も、「当為は当為自身によつて立つ」と考えた（西田 一九一七：八）。それがそうあるという必然性は、その必然性があるからそうであるというのだ。存在が存在するとは、必然性であるが、つまり、存在は、それ自身がそれ自身を根拠にするという関係を根源に持つ。これは循環論法のようだが、そのようなものが存在の底には不可避的、必然的に組み込まれていると西田はいう。循環論法の論理世界は、原因があり、結果がある論理世界とは異なる。

興味深いことに、のちのブッダであるゴータマ・シッダールタがものごとの根底にあるとして提唱した「縁起」は、パーリ語の原語で、「条件づけられた生起（パティッチャ・サムッパーダ、paticca-samuppada）」という（岡野 二〇〇三：四二四七六―四七七）。シッダールタが用いたこの語には、「ウッパーダ（uppada）」という語が含まれているが、この語は、「生じる、生まれる、起きる、生起する」という意味である（Davids 1921-1925=1995: 152, 三枝 二〇〇〇：一二）。「縁起」は、この語に「条件づけられた」を意味する「パティッチャ」や、「ともに」を意味する「サム」という語が付加されて出来上がっている語だが、それらを取り去ると、そこにあるのは「生起」だけである。

るものを何とか表現しようとしている。

「縁起」という語の根底には「生起」がある。つまりそれは、生起の原因の底を探っていくと、そこには原因はもはやなく、生起、つまり、始まりだけしかない境域だけがあるということであろう。ハイデガーの「自起」も、西田の「自覚」も、シッダールタの「縁起」も「始まりの始まり」にあるものを何とか表現しようとしている。

無限、語り、風土学

ハイデガーは、始まりには、「始まりの始まり（最初の始まり、der erste Anfang）」と「その他の始まり（der andere Anfang）」があるといい、前者こそが最も重要だという。彼は、この問いをカントから引き継いでいる（Heidegger 1931-1935/36=2013: 42）。カントの『純粋理性批判』についてはすでに触れたが（☞174ページ）、同書では「世界には最初の始まりがなくてはならない」という命題の当否がカギとなる役割を果たす（Kant 1781/1787=1983: 58, 412）。カントはこの問いを問うことで、理性の底に、アンチノミー（二律背反）を見るのだ。「世界には時間的始まりと空間的果てがある」「世界には始まりも、果てもない。無限である」は、正命題と反命題だが、どちらが正しいかを論理的に決定することはできない。つまり、世界の根底には理性では決定不可能な領域がある。言い換えれば、二分不可能なループがあるが、それが、逆に理性を駆動しているともいえる。

それは語りえないものなのだろうか。ヴィトゲンシュタインは、この世界の論理の探求のなかで、「語りえないものについては沈黙せねばならない」と言った（Wittgenstein 1921=1984）。ゴータマ・

シッダールタ（ブッダ）は、苦の原因をさかのぼって「縁起」を見出したが、「そこから先にはさかのぼりえない」といい、その先については沈黙を守った（岡野 二〇〇三：四二、寺田 二〇二二：一八節）。ブッダの沈黙は「無記（avyākṛta）」と呼ばれるが、そこには「縁起」以外に世界の有限性と無限性の問いやテトラレンマ（tetralemma, 四句）の問題も含まれる。

そのようなものの論理を見出すことはできるのだろうか。論理学とは、真実を論述する学である（Heidegger 1925/1926=1995）。無限という真実をどう語るのか。アリストテレスが『詩学』でいう始まりがあって、中間があって、終わりがあるという物語ではなく（Aristotle 1995）、始まりもなく、終わりもなく、したがって、中間もないという物語を語ることができるのか。あるいは、それは、始まりはなく、終わりもないが、中間だけはある物語なのか。

地球は有限である。そこに、無限というものを持った人類が生まれた。地球環境問題とは、有限性のある地球上に無限を見る人類の特性が生み出している。地球環境問題とは、有限の身体を持った人類が、その内部に無限の精神を持っているという二重性と相同の構造であるともいえる。もし、いま人類が地球の限界を越えようとしているのならば、人類は手に入れた無限という問題をきちんと解いていないということである。風土、自然、ピュシスのなかに含まれる無限をどう考えるのか。そして、どう語るのか。人新世の風土学とは、その解答への探求でもあろう。

ことばの花束——あとがきにかえて

外間守善・仲程昌徳・波照間栄吉編『沖縄　ことば咲い渡り』

ある夏、沖縄にフネで行った。大阪南港を夜遅く出航した大型フェリーは、次の日一日かけて四国沖から屋久島、奄美沖を通過し、翌々日の朝早くに、那覇港に入港する。高知沖は快晴で穏やかな海だったが、夜に入ると海は少し荒れ気味になった。夜の甲板に出てみると大波が見えた。暗闇のなか、その大波に乗り上げつつ前進する船を見ているのは、少し恐ろしかった。

次の朝、早く起きて甲板に出ると、みどりにおおわれた島影が見えてきた。するとそこに、花の香りがただよってきたのだ。海の上は、あまりにおいのない世界だ。潮の香というのは、浜辺や岸辺にいるからこそ感じるのであって、海の上にいるとじつは、それを感じることはない。むしろ無臭だ。そんなところに、ただよってきた花の香りはなんとも幻想的だった。

それは、森の香りともいえた。いきものの吐き出すしっとりと湿った空気に包まれた陸域。海域とはまったく違う場所のにおいだった。それが花の香であったのはどうしてだろうか。ジャスミンのような、百合の花のような濃厚な芳香だった。沖縄は、花の島だ。そんなことが嗅覚を通じて記憶に残った。

さて、『ことば咲い渡り』と名付けられたこの本は、三巻からなる沖縄の詞華集だ。詞華集とは、アンソロジーのことだが、ことばが花であるというのは、いいえて妙である。この「咲い渡り」というフレーズは、沖縄の古歌を集めた『おもろさうし』の「明けもどろの花の咲い渡り」や、「清らの花の　咲い渡る」を借用して、「花」を「ことば」に入れ替えて今回作られたものだというが、まるで、もとからあった語のようでもある。

この三巻は、三年間にわたって、「沖縄タイムス」に毎日連載された、沖縄の詩文の精選をまとめたもの。選者は、外間守善《ほかましゅぜん》、仲程昌徳《なかほどまさのり》、波照間栄吉《はてるまえいきち》という沖縄文学の碩学である。三巻には、それぞれ「さくら」「あお」「みどり」という巻名がついている。手に収まるくらいのかわいらしい本だ。こういう本がいままでなかったというのも不思議だが、ポケットに入れて持ち歩くことができるサイズで沖縄の詩歌を常に手元において読めるのはうれしい。

本を開くと、そこに、ふわっと、沖縄の風景が立ちのぼってくる。収められているのは、世界創造の神話であり、恋であり、労働であり、王への称賛であり、思い焦がれる人への思慕であり、ユリの花であり、デイゴの花であり、月であり、星であり、海であり、酒を酌み交わす酒宴であり、近代の苦悩であり、寂しさであり、沖縄戦の語りえぬ記憶の重さであり、あらゆる人の世と自然の風景である。それが、琉球のことばでうたわれている。

全三巻に収録されたうたの数は約一〇〇〇。その全部を紹介したいがそれも無理なので、二つだけ書き抜いておこう。沖縄でとりわけ愛されている「うりずん」と呼ばれる初夏の季節をよんだもの。

うるじぃんぬ　なりょだら
若夏《ばがなちぃ》ぬ立つだら
花や　白さ　咲《さ》きょうり
果実《なりぃ》や　青さ　くぬみょうり
（外間ほか 二〇二〇：九二）

若夏がなれば野辺の百草の
おす風になびく色のきよらさ
（外間ほか 二〇二〇：一五三）

初めのうたは、石垣島宮良の「北夫婦ぬふにぶ木ゆんた」から、次のうたは、読み人知らずの琉歌から。どちらも、島の上を、さわやかな風が吹き抜けていくようだ。

小さい本だが、この本は、沖縄の人々のこころの模様のエンサイクロペディアである。論説なら数千字を費やしても描けないものが、わずか数フレーズで立ち上ってくる。うたとは、偉大な発明だ。

「ことば咲い渡り」というタイトルが示唆するように、ことばは花である。そういえば、数十万年前、ホモ・サピエンスの先祖と共存していたホモ・ネアンデルターレンシスはことばを持たなかったが、花というシンボルを持っていたといわれる。彼らの埋葬の場から、発掘によって花粉が検出されたのはよく知られた話だ。花とことばはともにシンボルだが、その二つと人類との結び付きは人類の起源と同じくらいに長いのかもしれない。何万年、何十万年もの間、人類のイマージュの世界のなかでは、花とことばは混ざり合ってきた。いや、それらはそもそも、イマージュのなかでは、同じものなのかもしれない。

人類は、ことばを持ち運んで地球上を旅してきた。それは、花を持ち運ぶ旅でもあったのだろう。「ことば咲い渡り」、この本を持ち運んだら、花とことばをともに持ち歩くことができる。なんと豊かなことだろう。

追記

本書は、次の研究プロジェクトや研究助成の成果の一部である。
「人間と計算機が知識を処理し合う未来社会の風土論」(トヨタ財団助成研究、二〇一九年度、研究代表者:熊澤輝一)
「熱帯脆弱環境での生業複合による持続的保全型生業システムの強靭化とその実践展開」(日本学術振興会科学研究費助成事業、二〇二〇年度、研究代表者:田中樹)
「東アジア災害人文学の構築」(京都大学人文科学研究所人文学研究部共同研究、二〇二一年—二〇二四年、研究代表者:山泰幸)
「東アジアのホーリズム(全体論)から考える人新世下のパンデミックへの文化的対応——「災、難、禍」と「風土」概念からのアプローチ」(総合地球環境学研究所所長裁量経費COVID-19対応研究、二〇二一年度、研究代表者:寺田匡宏)
「人新世における「風土学」の国際展開——ひと、いきもの、機械(AI)がアクターとなる持続可能な未来の風土学にむけて」(総合地球環境学研究所所長裁量経費研究、二〇二二年度、研究代表者:寺田匡宏)

初出と原題一覧（いずれも加筆や短縮している）

第1章　物語と風景

「日本の川を旅する」『読書探検』二、一九九三年一〇月。

「歩くことから見えるもの」『読書探検』一三、一九九八年二月。

「島といのちと布」風人土学舎（ウェブサイト）、二〇二〇年九月一八日。

「声を聞く、物語を聞く」風人土学舎（ウェブサイト）、二〇二〇年三月一一日。

「風土と物語」未来社会の風土論（ウェブサイト）、二〇二一年九月七日。

「人新世の風土論」環境情報科学研究発表大会企画セッション「デジタルとアナログのあいだ――新しい風土論に向けて」（口頭発表原稿）二〇二〇年一二月一七日。

「ハントケ景」『神戸新聞』二〇一九年三月一二日夕刊。

第2章　未来と想像

「システムを問うことで未来を問う」『Humanity & Nature』七九、二〇二〇年二月。

「ミクロの線で書かれた水墨画のようなかそけき未来」風人土学舎（ウェブサイト）、二〇二〇年七月一日。

「〝生命式〟が奇妙でグロテスクというならば、スーパーマーケットの棚に牛肉や豚肉や鶏肉がずらりと並んでいる方がもっと奇妙でグロテスクだ」風人土学舎（ウェブサイト）、二〇二二年六月二一日。

「海底のクオリアと持続可能性／イノベーション」風人土学舎（ウェブサイト）、二〇二一年九月一三日。

「システム・複雑性・持続性と芸能・芸術」風人土学舎（ウェブサイト）、二〇二一年九月二七日。

「ソーラーパンクはアジアで可能か?」風人土学舎（ウェブサイト）、二〇二二年八月三日。

「未来のオルタナティブとしての複数径路」未来社会の風土論（ウェブサイト）、二〇二二年八月三日。

「都市と内臓」未来社会の風土論（ウェブサイト）、二〇二三年一〇月八日。

第3章　存在と世界

「コロナの時代にハイデガーを読む――人・技術・自然」暮らしのモンタージュ（ウェブサイト）、二〇二〇年五月三〇日。

「イマージュのダンス――意識空間の構造と自己・脳・機械・未来」暮らしのモンタージュ（ウェブサイト）、二〇二一年九月一〇日。

「人間と無限」暮らしのモンタージュ（ウェブサイト）、二〇二〇年三月二八日。

「ことばの花束」風人土学舎（ウェブサイト）、二〇二三年八月一七日。

参照文献

日本語文献

朝吹真理子　二〇一八『TIMELESS』新潮社。
アンダーソン、ベネディクト　二〇〇七『定本　想像の共同体――ナショナリズムの起源と流行』白石隆・白石さや訳、書籍工房早山。
伊谷純一郎　一九八六＝二〇〇八「人間平等起源論」伊谷純一郎『伊谷純一郎著作集』三、平凡社。
井筒俊彦　一九八〇＝二〇一四「意識と本質」井筒俊彦『井筒俊彦全集』六、慶應義塾大学出版会。
伊藤徹　一九九八「立て組み」廣松渉・子安宣邦・三島憲一ほか編『岩波哲学・思想事典』岩波書店。
植垣節也校注　一九九七『風土記』新編日本古典文学全集五、小学館。
岡野潔訳　二〇〇三「第一四経　偉大な過去世の物語――大本経」中村元・渡辺研二・岡野潔・入山淳子訳『原始仏典』二、長部経典Ⅱ、春秋社。
大橋力　二〇一九「利他の惑星・地球［生命編］第一回――新たな〈世界像〉をもとめて」『科学』八九（四）。
大林太良・吉田敦彦監修　一九九七『日本神話学事典』大和書房。
沖縄県立芸術大学　二〇二一『地域芸能と歩む　二〇二〇―二〇二一』沖縄県立芸術大学。
小野和子　二〇一九『あいたくて　ききたくて　旅にでる』PUMPQUAKES。
鎌田慧　一九八三『ぼくが世の中に学んだこと』筑摩書房。
神谷之康　二〇二一「先端技術、人類の未来をどう変える」『神戸新聞』二〇二一年九月二二日朝刊。
柄谷行人　二〇一九『世界史の実験』岩波書店。

河合隼雄　一九八〇＝一九九四「『古事記』神話における中空構造」河合隼雄『河合隼雄著作集』八、日本人の心、岩波書店。
神田橋條治・荒木冨士夫　一九七六＝一九八八「自閉の利用――精神分裂病者への助力の試み」神田橋條治『発想の航跡――神田橋條治著作集』岩崎学術出版社。
神田橋條治　二〇〇六『「現場からの治療論」という物語』岩崎学術出版社。
木村敏　二〇〇二『偶然性の精神病理』岩波書店。
國分功一郎　二〇一七『中動態の世界――意志と責任の考古学』医学書院。
斎藤幸平　二〇二〇『人新世の資本論』集英社。
三枝充悳　二〇〇〇『縁起の思想』法蔵館。
杉原薫　二〇二〇『世界史の中の東アジアの奇跡』名古屋大学出版会。
総合地球環境学研究所編　二〇一〇『地球環境学事典』弘文堂。
ダイヤモンド、ジャレッド　二〇一八『歴史は実験できるのか――自然実験が解き明かす人類史』小坂恵理訳、慶應義塾大学出版会。
高楠順次郎編　一九二四―一九三四『大正新修大蔵経』大正一切経刊行会。
高橋そよ　二〇一八『沖縄・素潜り漁師の社会誌――サンゴ礁資源利用と島嶼コミュニティの生存基盤』コモンズ。
立本成文編　二〇一三『人間科学としての地球環境学――人とつながる自然・自然とつながる人』京都通信社。
鶴見良行　一九八四＝一九九四『マングローブの沼地で』朝日新聞社。
寺田匡宏　二〇一五『人は火山に何を見るのか――環境と記憶／歴史』昭和堂。
寺田匡宏　二〇二一a『人文地球環境学――「ひと、もの、いきもの」と世界／出来』あいり出版。
寺田匡宏　二〇二一b「人新世と「フォース（力）」――歴史における自然、人為、「なる」の原理とその相克」寺田匡宏、ダニエル・ナイルズ編『人新世を問う――環境、人文、アジアの視点』京都大学学術出版会。

寺田匡宏、ダニエル・ナイルズ編　二〇二一『人新世を問う――環境、人文、アジアの視点』京都大学学術出版会。

寺田匡宏、ダニエル・ナイルズ　二〇二一「人新世をめぐる六つの問い」寺田・ナイルズ編、前掲書、二〇二一。

寺田匡宏　二〇二二「松風と素粒子――たましいと肉体の老いと死について」暮らしのモンタージュ（https://livingmontage.com/2022/09/28/series-terada-9th/ 最終閲覧二〇二三年一一月二二日）。

トマセロ、マイケル　二〇二一『思考の自然誌』橋彌和秀訳、勁草書房。

中村元・渡辺研二・岡野潔・入山淳子訳　二〇〇三『原始仏典』二、長部経典Ⅱ、春秋社。

梨木香歩　二〇一九『椿宿の辺りに』朝日新聞出版。

西田幾多郎　一九一七『自覚に於ける直観と反省』岩波書店。

西田幾多郎　一九二七『働くものから見るものへ』岩波書店。

西田幾多郎　一九三〇『一般者の自覚的体系』岩波書店。

野田知佑　一九八二＝一九八五『日本の川を旅する――カヌー単独行』新潮社。

ハイデガー・フォーラム　二〇二一『ハイデガー事典』昭和堂。

ハイデッガー、マルティン　二〇一三『技術への問い』関口浩訳、平凡社。

ハイデガー、マルティン　二〇一九『技術とは何だろうか――三つの講演』森一郎訳、講談社。

フィールド、ノーマ　一九九四『天皇の逝く国で』大島かおり訳、みすず書房。

ベルク、オギュスタン　一九八八『風土の日本――自然と文化の通態』篠田勝英訳、筑摩書房。

ベルク、オギュスタン　二〇二一「「地」性の復権――日本における自然農法の哲学と実践」寺田匡宏訳、寺田・ナイルズ編、前掲書、二〇二一。

ベルク、オギュスタン　二〇一七『理想の住まい――隠遁から殺風景へ』鳥海基樹訳、京都大学学術出版会。

ベック、ウルリッヒ、アンソニー・ギデンズ、スコット・ラッシ　一九九七『再帰的近代化――近現代における政治、伝統、美的原理』松尾精文ほか訳、而立書房。

外間守善・仲程昌徳・波照間栄吉編　二〇二〇『沖縄　ことば咲い渡り』みどり、ボーダーインク。
ポメランツ、ケネス　二〇一五『大分岐――中国、ヨーロッパ、そして近代世界経済の形成』川北稔監訳、名古屋大学出版会。
宮本隆司　一九八八『九龍城址』ペヨトル工房。
宮本隆司　二〇〇九＝二〇二〇「受動としての写真――「ピンホールの家」以後」宮本隆司『いのちは誘う――宮本隆司写真随想』平凡社。
村田沙耶香　二〇一九a『生命式』河出書房新社。
村田沙耶香　二〇一九b「今月のBOOKMARK EX『生命式』村田沙耶香」『ダヴィンチ』三〇八（二〇一九年一二月号）。
諸橋轍次　一九四三『大漢和辞典』全一五巻、大修館書店。
安成哲三　二〇一八『地球気候学――システムとしての気候の変動・変化・進化』東京大学出版会。
安本千夏　二〇一五『島の手仕事――八重山染色紀行』南山舎。
ユクスキュル／クリサート　二〇〇五『生物から見た世界』日高敏隆・羽田節子訳、岩波書店。
レヴィ＝ストロース、クロード　一九七二『構造人類学』荒川幾男ほか訳、みすず書房。
和辻哲郎　一九三五＝一九六二「風土――人類学的考察」和辻哲郎『和辻哲郎全集』八、岩波書店。

中国語文献

韓麗珠　一九九六＝二〇一八「輸水管森林」陳大為・鍾怡雯編『華文文学百年選』香港編二小説、九歌出版社（台湾）。

欧米諸語文献

Antognazza, Maria Rosa（ed.）2018. *Oxford Handbook of Leibniz*. Oxford: Oxford University Press.
Aristotle 1929. *The Phisycs*, I. Philip H. Wicksteed and Francis M. Conford（trans.）, Loeb Classical Library, London:

William Heinemann; New York: G. P Putnam's Son.

Aristotle 1933. *Metaphysics*, I-IX. Hugh Trendennik（trans.）, Loeb Classical Library, Cambridge MA: Harvard University Press; London: William Heinemann.

Aristotle 1938. Prior Analytics. In Aristotle, *Categories on Interpretation, Prior Analytics*, Harold P. Cooke and Hugh Trendennick（trans.）, Loeb Classical Library, Cambridge MA: Harvard University Press; London: William Heinemann.

Aristotle 1995. Poetics, Stephen Halliwell（trans.）, In Aristotle, *Aristotle XXIII*, Loeb Classical Library, Cambridge MA, London: Harvard University Press.

Augendre, Marie, Jean-Pierre Llored et Yann Nussaume 2018. *La mésologie, un autre paradigme pour l'anthropocène?: Autour et en présence d'Augustin Berque*. Paris: Hermann.

Banks, Erik C. 2014. *The Realistic Empiricism of Mach, James, and Russell: Neutral Monism Reconceived*. Cambridge: Cambridge University Press.

Berque, Augustin 1986. *Le Sauvage et l'artifice: Les Japonais devant la nature*. Paris: Gallimard.

Berque Augustin 2000. *Écoumène: Introduction à l'étude des milieux humains*. Paris: Belin.

Berque, Augustin 2010. *Histoire de l'habitat idéal: de l'Orient vers l'Occident*. Paris: Le Félin.

Berque, Augustin 2011. Préface a la traduction française. Dans Watsuji（2011）.

Berque, Augustin 2014. *Poétique de la Terre: Histoire naturelle et histoir humaine, essai de mésologie*. Paris: Belin.

Berque, Augustin 2017. Trajective Chains in Mesology: von Neumann Chains in Physics, etc.--and in Chemistry?. The International Society for the Philosophy of Chemistry（ISPC）, Colloque international de philosophie de la chimie, Paris, 3-6 juillet 2017（http://ecoumene.blogspot.com/2017/07/trajective-chains-in-mesology-augustin.html）.

Berque, Augustin 2018. Glossaire de mésologie. Dans Augendre, Llored et Nussaume (2018).

Bonnueil, Christoph et Jean-Baptiste Fressoz 2013. *L'événement Anthropocène: La Terre, L'histoire et nous.* Paris: Edition de Suil.

Cameron, Margaret 2018. Truth in the Middle Ages. In Michael Glanzber (ed.), *The Oxford Handbook of Truth.* Oxford: Oxford University Press.

Capra, Fritjof 2010. *The Tao of Physics: An Exploration of the Parallels between Modern Physics and Eastern Mysticism*, 3th Anniversary edition. Boulder: Shambala Publication.

Capra, Fritjof and Pier Luigi Luisi 2014. *The Systems View of Life: A Unifying Vision.* Cambridge: Cambridge University Press.

Carnap, Rudolf 1928=1998. *Der Logische Aufbau der Welt.* Hamburg: Felix Meiner Verlag.

Churchland, Patricia Smith 2009. Inference to the Best Decision. In John Bickle (ed.), *The Oxford Handbook of Philosophy and Neuroscience.* Oxford: Oxford University Press.

Davids, T. W. Rhys and William Stede (ed.) 1921-1925=1995. *The Pali Text Society's Pali-English Dictionary.* Oxford: The Pali Text Society.

Descartes, René 1637=1987. Discours de la méthode. Dans René Descartes, *Discours de la methode plus La dioptrique les meteores et la geometrie*, edition de 350e anniversaire. Paris: Fayard.

Descola, Phillipe 2005. *Par-delà nature et culture*, Paris: Gallimard.

Dickinson, Gordon and Kevin Murphy 1998. *Ecosystems*, Routledge Introductions to Environment Series. London: Routledge.

Dunbar, Robin 2016. *Human Evolution: Our Brains and Behavior.* Oxford: Oxford University Press.

Elberfeld, Rolf und Yōko Arisaka (Hg.) 2014. *Kitarō Nishida in der Philosophie des 20. Jahrhunderts*, Welten der

Philosophie, 12. Freiburg: Verlag Karl Alber.

Gabriel, Markus 2015. *Warum Es die Welt Nicht Gibt*. Berlin: Ulstein.

Habermas, Jürgen 2019. *Auch eine Geschichte der Philosophie*, Bd. 1. Berlin: Suhrkamp.

Handke, Peter 2018. *Vor der Baumschattenwand Nachts: Zeichen und Anflüege von der Peripherie 2007-2015*. Berlin: Suhrkamp.

Haraway, Donna J. 2016. *Staying with the Trouble: Making Kin in the Chthulucene*. Durham: Duke University Press.

Hegel, Georg Wilhelm Friedrich 1841=1951. *Wissenschaft der Logik*, Erster Teil. Georg Lasson (Hg.). Hamburg: Felix Meiner Verlag.

Heidegger, Martin 1925/1926=1995. *Logik: Die Frage nach der Wahrheit*, Gesamtausgabe, Bd. 21, Walter Biemel (Hg.). Frankfurt am Main: Vittorio Klostermann.

Heidegger, Martin 1927=1972. *Sein und Zeit*. Tübingen: Max Niemeyer Verlag.

Heidegger, Martin 1929/1930=2018. *Die Grundbegriffe der Metaphysik: Welt - Endlichkeit - Einsamkeit*, Gesamtausgabe, Bd.29/30, Friedrich-Wilhelm v. Herrmann (Hg.). Frankfurt am Main: Vittorio Klostermann.

Heidegger, Martin 1931-1935/36=2013. *Seminare: Kant - Leibniz - Schiller, Teil 1: Sommersemester 1931 bis Wintersemester 1935/36*, Gesamtausgabe, Bd.84.1, Günther Neumann (Hg.). Frankfurt am Main: Vittorio Klostermann.

Heidegger, Martin 1938=2003. Die Zeit des Weltbildes. In Martin Heidegger, *Holzwege*, Gesamtausgabe Bd. 5, Friedrich-Wilhelm v. Herrmann (Hg.), 2. Auflage. Frankfurt am Main: Vittorio Klostermann.

Heidegger, Martin 1941=2005. *Über den Anfang*, Gesamtausgabe, Bd. 70, Paola-Ludovika Coriando (Hg.). Frankfurt am Main: Vittorio Klostermann.

Heidegger, Martin 1941-42=2009. *Das Ereignis*, Gesamtausgabe Bd. 71, Friedrich-Wilhelm v. Herrmann (Hg.). Frankfurt am Main: Vittorio Klostermann.

Heidegger, Martin 1953=2000. Die Frage nach der Technik. In Martin Heidegger, *Vorträge und Aufzätze*, Gesamtausgabe Bd. 7, Friedrich-Wilhelm v. Herrmann (Hg.). Frankfurt am Main: Vittorio Klostermann.

Heidegger, Martin 1957=2006. Identität und Differenz. In Martin Heidegger, *Identität und Differenz*, Gesamtausgabe Bd. 11, Friedrich-Wilhelm v. Herrmann (Hg.). Frankfurt am Main: Vittorio Klostermann.

Hinzen, Wolfram and Michelle Sheehan 2013. *The Philosophy of Universal Grammar*. Oxford: Oxford University Press.

Husserl, Edmund 1935=1992. *Cartesianische Meditationen; die Krisis der Europäischen Wissenschaften und die Transzendentale Phänomenologie: Eine Einleitung in die phänomenologische Philosophie*, Gesammelte Schriften Bd. 8, Elisabeth Ströker (Hg.). Hamburg: Felix Meiner Verlag.

Johnson, David W. 2019. *Watsuji on Nature: Japanese Philosophy in the Wake of Heidegger*. Evanston, Ill.: Northwestern University Press.

Johnson, Monte Ransome 2005. *Aristotle on Teleology*. Oxford: Oxford University Press.

Kant, Immanuel 1781/1787=1983. *Kritik der reinen Vernunft*, Werke in sechs Bänden, Band II, Wilhelm Weischedel (Hg.). Darmstadt: Wissenschaftliche Buchgesellschaft Darmstadt.

Kenny, Anthony 2006. *The Rise of Modern Philosophy*, A New History of Western Philosophy, Vol. 3. Oxford: Clarendon Press.

Kripke, Saul A. 1980. *Naming and Necessity*. Cambridge, MA.: Harvard University Press.

Lacey, Alan 2005. Death. In Ted Honderich (ed.), *The Oxford Companion to Philosophy*, New Edition. Oxford: Oxford University Press.

Leibniz, [Gottfried Wilhelm] 1995. *Discours de métaphysique suivi de monadologie*. Préface, présentations et notes de Laurence Bouquiaux. Paris: Gallimard.

Lévi-Strauss, Claude 1964-1971. *Mythologiques*, quatre tomes, Paris: Plon.

Löwith, Karl 1953=1983. Die Dynamik der Geschichte und der Historismus. In Karl Löwith, *Weltgeschichte und Heilsgeschehen: Zur Kritik der Geschichtsphilosophie*, Sämtliche Schriften. Bd. 2. Stuttgart, Weimar: Verlag J. B. Metzler.

Margulis, Lynn and Dorion Sagan 1986. *The Origins of Sex: Three Billion Years of Genetic Recombination*. New Haven: Yale University Press.

Mavhunga, Clapperton Chakanetsa 2014. *Transient Workspaces: Technologies of Everyday Innovation in Zimbabwe*. Cambridge, MA.: MIT Press.

Mavhunga, Clapperton Chakanetsa（ed.）2017. *What Do Science, Technology, and Innovation Mean from Africa?*, Cambridge, MA.: MIT Press.

McGinn, Colin 1993. *Problems in Philosophy: The Limits of Inquiry*. Oxford, Cambridge, MA.: Blackwell.

Meillassourx, Quentin 2006. *Aprè la finitude: Essai sur la nécessite de la contingence*. Paris: Suil.

Menke, Christoph 2013. Subjekt: Zwischen Weltbemächtigung und Selbsterhaltung. In Dieter Thomä（Hg.）, *Heidegger Handbuch: Leben - Werke - Wirkung*, 2. Auflage. Stuttgart, Weimar: Verlag J. B. Metzler.

Mittelstraß, Jürgen 1995a. Haecceitas. In Jürgen Mittelstraß（Hg.）, *Enzyclopädie Philosophie und Wissenschagstheorie*, Bd. 2. Stuttgart, Weimar: Verlag J. B. Metzler.

Mittelstraß, Jürgen 1995b, Physis. In Jürgen Mittelstraß（Hg.）. *Enzyclopädie Philosophie und Wissenschagstheorie*, Bd. 3. Stuttgart, Weimar: Verlag J. B. Metzler.

Nietzsche, Friedrich 1969. Ecce Homo. In Karl Schlechta（Hg.）, *Friedrich Neitzsche Werke*, III. Frankfurt am Main:

Ullstein.

Odum, Eugene P., and Gray W. Barrett 2005. *Fundamentals of Ecology*, Fifth edition. Andover: Cengage Learning.

Onions, C. T. 1966. *The Oxford Dictionary of English Etymology*. Oxford: Oxford University Press.

Parker, Steve and Alice Roberts 2015. *Evolution: The Whole Story*. London: Thames and Hudson.

Peirce, Charles Sanders 1903=1998. The Three Normative Sciences. In The Peirce Edition Project (ed.), *The Essential Peirce: Selected Philosophical Writings*, Vol. 2 (1893-1913). Bloomington and Indianapolis: Indiana University Press.

Plantinga, Richard J., Thomas R. Thompson, and Matthew D. Lundberg 2010. *An Introduction to Christian Theology*. Cambridge: Cambridge University Press.

Rorty, Richard 1979=2009. *Philosophy and the Mirror of Nature*, 30th anniversary edition, Princeton, NJ: Princeton University Press.

Rowan-Robinson, Michael 2004. *Cosmology*, Fourth Edition. Oxford: Oxford University Press.

Rupprecht, Christoph, Deborah Cleland, Norie Tamura, Rajat Chaudhuri, and Serena Ulibarri (eds.) 2021. *Multispecies Cities: Solarpunk Urban Futures*. Albuquerque: World Weaver Press.

Russel, Bertrand 1903=1996. *The Principles of Mathematics*. New York: Norton.

Russell, Bertrand 1905=1956. On Denoting. In Bertrand Russell, *Logic and Knowledge: Essays 1901-1950*, Robert Charles Marsh (ed.). London: George Allen & Unwin.

Schwemmer, Oswald, 1995. Quidität. In Jürgen Mittelstraß (Hg.). *Enzyclopädie Philosophie und Wissenschagstheorie*, Bd. 3. Stuttgart, Weimar: Verlag J. B. Metzler.

Smith, Eric and Harold J. Morowitz 2016. *The Origin and Nature of Life on Earth: The Emergence of the fourth Geosphere*. Cambridge: Cambridge University Press.

Suzuki, Daisetsu Teitaro 1963. *The Outlines of Mahayana Buddhism*. New York: Schocken Books.

Tallerman, Maggie and Kathlieen Gibson 2012. Introduction: The Evolution of language. In Maggie Tallerman and Kathlieen Gibson (ed.), *The Oxford Handbook of Language Evolution*. Oxford: Oxford University Press.

Tomasello, Michael 2014. *A Natural History of Human Thinking*. Harvard, MA: Harvard University Press.

van der Leeuw, Sander 2020. *Social Sustainability, Past and Future: Undoing Unintended Consequences for the Earth's Survival*. Cambridge: Cambridge University Press.

van Inwagen, Peter 2019. *Metaphysics*, Fourth edition. London: Routledge.

von Weizsäcker, Viktor 1997. Der Gestaltkreis: Theorie der Einheit von Wahrnehmen und Bewegen. In Viktor von Weizsäcker, *Viktor von Weizsäcker Gesammelte Schriften*, Band 4., Peter Achilles et al. (Hg.). Frankfurt am Main: Suhrkamp Verlag.

Watsuji, Tetsuro 2011. *Fûdo: Le milieu humain*, Commentaire et traduction par Augustin Berque, avec le concours de Pauline Couteau et Kuroda Akinobu. Paris: CNRS éditions.

Willett, Francis. R., Donald T. Avansino, Leigh R. Hochberg, Jaimie M. Henderson, and Krishna V. Shenoy 2021. High-performance Brain-to-text Communication via Handwriting. *Nature*, 593.

Wittgenstein, Ludwig 1921=1984. Tractatus logico-philosophicus. In Ludwig Wittgenstein, *Tractatus logico-philosophicus, Tagebücher 1914-1916, Philosophische Untersuchungen*, Suhrkamp Taschenbuch Wissenschaft, Werkausgabe Bd. 1. Frankfut a. M: Suhrkamp.

Witzel, Michael 2012. *The Origins of the World's Mythologies*. Oxford: Oxford University Press.

Wrathall, Mark A. (ed.) 2021. *The Cambridge Heidegger Lexicon*. Cambridge: Cambridge University Press.

Masahiro Terada

Fudo in the Anthropocene
Finding a New Environmental Mode between Human Beings, Living Things, and Things

RIHN Environmental Series
Research Institute for Humanity and Nature, Kyoto

Showado Publishing, Kyoto
2023

English Resume

In the Anthropocene era, a new mode of environmental thought is required. The advocation of the concept implies that human power is already exceeding the earth's sustainable capacity. Human activities may have had and continue to have irreversible negative effects on the earth's ecosystem. To prevent these negative effects, humanity must change its attitude towards nature. The Anthropocene era can be considered a necessary and unavoidable consequence of modern civilization. However, if that is true, we must re-examine modernity and start to look for alternative behaviour patterns towards the surrounding world.

This book suggests that the *fudo* notion may be a viable concept for this purpose. The Chinese usage of the term signifies a mutual relationship between *fu*, i. e., the environment perceived by humanity, and *do*, i. e., the environment as an objective natural existence. A nearly millennial-long tradition, the concept developed as a philosophical notion of the environment in the modern and contemporary age by Japanese intellectuals and international thinkers alike, including Tetsuro Watsuji and Augustine Berque. By invoking the *fudo* notion, they re-examined and criticised the modern paradigm of the dichotomy between nature and culture, inside and outside, and subject and object. Based on this thought history, this book aims to extend its scope into the future where the boundaries between humanity, living beings, and objects may be blurred.

This book presents three themes - narrative and scenery, future and imagination, and existence and world. It adopts a strategy to develop content as a book review or book guide. From the succession of book reviews and critiques, which approach the problem of positionality between human beings, living things, and objects, this book aims to highlight certain new aspects of the *fudo* theory.

In the first part, 'narrative and scenery', the subject regarding representation of the surrounding environment by human beings is argued. This part uses the term 'narrative' because human beings have spread across the planet over ten thousand years with several associated stories and narratives. The planet is littered with human narratives; it exists inside a net of stories. The earth is no more a natural object; rather it is a narrated place. A

narrated place indicates its meaning to human beings, which turns a landscape into a scenery. Fudo emerges as a consequence of this phenomenon.

In the second part, 'future and imagination', the subject of the future is discussed. When we discuss the future, we tend to think about the so-called 'wholesale' changes in the world. However, even if technological advancement is unprecedented and rapid, the fundamental conditions of human beings do not change in a wholesale manner; rather, future changes must be gradational. Humanity is based on nature and its existential foundation is rooted in the earth's condition. Hence, that which existed more than a million years ago must remain intact over the next million years. This book believes that the persisting patterns produced by human history are the characteristics of *fudo*, and it must be acknowledged when considering the future.

In the third part, 'existence and world', the ontological problem of *fudo* is investigated. If *fudo* is an interdependent phenomenon between a human and its surroundings, how should we evaluate our existence as a subject? When we presuppose the mind/body dichotomy, we may assume that our mind is separated by the external environment; however, in the *fudo* concept, the human existence and environment are products of a reciprocal relationship. Hence, the notion of 'I' and the mind as an inner separated object must be reclaimed. Microscopically, the moment of the emergence of 'I' cannot be distinguished. Its beginning would be blurred into the general existence without a particular 'I'. Hence, we encounter the uncertainty regarding our point of emergence and the beginning and end of our existence. Our existence might be blurred into *fudo*. In the Anthropocene era, a fundamental change in our attitude towards our existence is required, and the necessity to rethink 'I' in terms of the environment is emphasised.

This book is an experimental attempt to develop the notion of *fudo* suitable to the Anthropocene era. We expect another step may be found from here.

Table of Contents

Part II　Future and Imagination

1. Earth Science as a System: On Tetsuzo Yasunari's *Global Climatology*
2. Image of a Future as if Drawn with Subtle Brush Strokes of Chinese Ink Painting: On Mariko Asabuki's *TIMELESS*
3. If the 'Ceremony of Life' Is Bizarre, the Scenery of a Supermarket Which Has Plenty of Beef, Pork and Chicken Must Be More Bizarre: On Sayaka Murata's *Ceremony of Life*
4. Sustainability and Innovation Seen from Qualia at the Seabed: Soyo Takahashi's *Ethno-Sociology of Skin-Diving Fishery in Okinawa*
5. Complexity, Art, and Sustainability: On Okinawa University of Art's *Traditional Volk Arts and Area Sustainability*
6. Is Solarpunk Possible in Asia? On Christoph Ruprecht et al（ed.）'s *Multispecies Cities*
7. Multiple Pathways as Alternative for the Future: On Kaoru Sugihara's *East Asian Miracle in the Global History*
8. City and Intestines or Inside and Outside of *Fudo*: On Hon Laichu's*Water Pipe Woods*

Part III　Existence and World

1. Humanity, Techne, and Nature: On Matin Heidegger's *The Question Concerning Technology*
2. Self and Environment: On Toshihiko Izutsu's *Consciousness and Essence*
3. Humanity and Infinity: On Michael Tomasello's *A Natural History of Human Thinking*

Afterword: Words as Bouquet: On Shuzen Hokama et al（ed.）'s *Okinawa Poetry Anthology*

The Author

Masahiro Terada is a visiting professor of environmental humanities at the Research Institute for Humanity and Nature（RIHN）in Kyoto, Japan. Based on comparative historical, philological, and philosophical perspectives, he explores the ontological differences between human beings, living things, and things in the environment. His investigation covers the problem of narrative in imagining a plausible past and future in the Anthropocene era. His publications include: *Geo-Humanities: Becoming of the World, or Human Being, Living Thing, and Thing in the Anthropocene*（Airi Shuppan, 2021, in Japanese）; *Anthropocene and Asia: Investigation, Critique, and Contribution from the Environmental Humanities Perspective*（ed. with Daniel Niles, Kyoto University Press, 2021, in Japanese）; and *Catastrophe and Time: History, Narrative, and Energeia of History*（Kyoto University Press, 2018, in Japanese）. He is also the series editor of *Narrative of Terra, Terra Narrates*（Airi Shuppan, 2019-, in Japanese）. He was a researcher at the National Museum of History in Japan, a visiting researcher at the National Ethnology Museum in Japan, and a visiting scholar at the Max Planck Institute for the History of Science in Germany.

人名索引

あ行

か行

さ行

た行

な行

は行

ま行

事項索引

■著者紹介

寺田匡宏（Masahiro Terada）

総合地球環境学研究所客員教授。

ひと、もの、いきものの関係を人文の立場から研究。国立歴史民俗博物館COE研究員、国立民族学博物館外来研究員、ドイツ・マックスプランク科学史研究所外来研究員、総合地球環境学研究所特任准教授などを歴任。

おもな著書に、『人新世を問う──人文、環境、アジアの視点』（ダニエル・ナイルズと共編、京都大学学術出版会、2021年）、『人文地球環境学──ひと、もの、いきものと世界／出来』(単著、あいり出版、2021年)、『カタストロフと時間』（単著、京都大学学術出版会、2018年）など。2019年より「叢書・地球のナラティブ」（あいり出版）のシリーズ・エディターもつとめる。

地球研叢書

人新世の風土学──地球を〈読む〉ための本棚

2023年3月31日　初版第1刷発行

著　者　寺　田　匡　宏

発行者　杉　田　啓　三

〒607-8494　京都市山科区日ノ岡堤谷町3-1
発行所　株式会社　昭和堂
振替口座　01060-5-9347
TEL（075）502-7500／FAX（075）502-7501
ホームページ　http://www.showado-kyoto.jp

印刷　モリモト印刷

ISBN978-4-8122-2210-2

＊乱丁・落丁本はお取り替えいたします。

Printed in Japan